普通高等教育"十二五"规划教材

线性代数

——Excel 版教学用书

颜宁生　编著

北　京
冶 金 工 业 出 版 社
2014

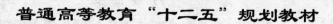

内 容 提 要

全书共分5章，主要内容包括：行列式、矩阵及其运算、矩阵的初等变换与线性方程组、向量组的线性相关性、相似矩阵及二次型。随书附赠光盘包含16个课堂练习、16个见1游戏、15套机考试卷及相应的模板。教师利用这些模板可以任意生成多个课堂练习、见1游戏和机考试卷。由于增加了大量的Excel电子版内容，因此本书也可作为线性代数的考试用书。

书中所有的课堂练习、见1游戏和机考试卷都可实现人机互动，每个“模板”还可以制作任意多个难度相同但题型不同的课堂练习、见1游戏和机考试卷。本书适合在机房讲授，既可用于理工类非数学专业的基础课教学，也可供Excel爱好者参考使用。

图书在版编目(CIP)数据

线性代数：Excel版教学用书/颜宁生编著. —北京：冶金工业出版社，2014.3

普通高等教育“十二五”规划教材

ISBN 978-7-5024-6492-9

Ⅰ.①线…　Ⅱ.①颜…　Ⅲ.①线性代数—高等学校—教材　Ⅳ.①O151.2

中国版本图书馆CIP数据核字（2014）第015881号

出 版 人　谭学余

地　　址　北京北河沿大街嵩祝院北巷39号，邮编100009

电　　话　(010)64027926　电子信箱　yjcbs@cnmip.com.cn

责任编辑　郭冬艳　美术编辑　吕欣童　版式设计　孙跃红

责任校对　郑　娟　责任印制　牛晓波

ISBN 978-7-5024-6492-9

冶金工业出版社出版发行；各地新华书店经销；三河市双峰印刷装订有限公司印刷

2014年3月第1版，2014年3月第1次印刷

148mm×210mm；5.625印张；165千字；167页

22.00元（附赠光盘）

冶金工业出版社投稿电话：(010)64027932　投稿信箱：tougao@cnmip.com.cn

冶金工业出版社发行部　电话：(010)64044283　传真：(010)64027893

冶金书店　地址：北京东四西大街46号(100010)　电话：(010)65289081(兼传真)

（本书如有印装质量问题，本社发行部负责退换）

前　言

一提到考试，一定会有人联想到诚信、作弊、紧张、害怕、压力等词，尽管这些词不能代表主流现象，但在不少大学里普遍存在。笔者在讲授“线性代数”课程时做过一项以游戏驱动教学的教学改革，经历过此项教学改革的同学，再谈及考试时，他们想到的词是：学习、快乐、获取知识的途径和手段。如果参加考试是低压甚至是无压的学习过程及快乐体验，那么就有很多人乐于参加考试，2的 i 次方(i=0,1,2,3)开闭卷考试改革就是一项能够产生低压甚至是无压效果的教学改革。具体讲，i=0 时，2 的 0 次方代表有 1 次闭卷考试；i=1 时，2 的 1 次方代表有 2 次 C 级开卷考试；i=2 时，2 的 2 次方代表有 4 次 B 级开卷考试；i=3 时，2 的 3 次方代表有 8 次 A 级开卷考试。学生只有通过任何一次开卷考试，才可以不参加闭卷考试。为了使开卷考试有序进行，必须制定一些规则，比如，学生想参加开卷考试，他必须完成一定量的见 1 游戏。什么是“见 1 游戏”？见 1 游戏是供同学课后选做的电子版作业，具有自动计分功能。当你做对一道题后，作业上会自动出现“1”分。这种互动式的自动计分功能会产生一种趣味效果：就好像将作业当作游戏来做，游戏的结果是见到 1。故称此电子版作业为“见 1 游戏”。由于本课程共 32 课时(如果读者学校的课时超过 32 课时，可以将部分课堂练习当作见 1 游戏)，每次 2 课时，即共有 16 次课，故设计了 16 个见 1 游戏，16 个见 1 游戏共设计成 70 个小游戏，每个小游戏的积分为 1 分，做完 16 个见 1 游戏可以得到 70 个积分。当见 1 游戏积分达到 30 分时，就可以在本学期的第 8 周以后参加 A 级开卷考试；达到 50 分时，就可以在本学期的第 12 周以后参加 B 级开卷考试；达到 60 分时，就可以在本学期的第 14 周以后参加 C 级开卷考试。如果他不想参加开卷考试或者他参加的所有的开卷考试都没有通过，那么他还可以参加期末闭卷考试。

本书设计的机考除了让每个同学有很多次考试机会以外，还别具特色。由于机考试卷是由软件生成的，因此对一个有 30 名同学的班级，可以制作 30 套题型和难度完全相同而数据不同的 30 套试卷，每套机考试卷都具备累积自动判分功能，也就是说，不需要人工阅卷。与机考改革配套的改革是作业改革，我们将作业称作见 1 游戏。由于每个同学的见 1 游戏都不同，所以，最大限度地避免了同学之间相互抄作业的现象，基本上达到了“快乐学习考试无忧”的改革目标。用一副课程对联可以很好地表达作者对“线性代数”课程教学改革的思路：

上联：将作业当成游戏作业有趣游戏成瘾

下联：将考试当成学习考试无忧学习成趣

横批：建议游戏①

① 建议的谐音是“见 1”

2 的 i 次方(i=0,1,2,3)开闭卷考试模式是一种“刷分”模式，其目的是鼓励学生在学习“线性代数”课程的过程中不断刷分。A 级开卷考试的满分设计成 79 分，B 级开卷考试的满分设计成 89 分，当某同学的积分达到 30 分后，他参加 A 级开卷考试的成绩=min(积分+30 分, A 级开卷考试成绩)；当他的积分达到 50 分后，他参加 B 级开卷考试的成绩=min(积分+30 分，B 级开卷考试成绩)；当他的积分达到 60 分后，他参加 C 级开卷考试的成绩=min(积分+30 分, C 级开卷考试成绩)。为了说明“刷分”特点，我们假设他的积分达到 35 分，那么不管他的 A 级开卷考试成绩有多高，最后的成绩还是 65 分。如果他不满意这个成绩，他可以继续刷分。假设他的积分增加到 40 分，这时他的 A 级开卷考试成绩就有可能得到 70 分。

2 的 *i* 次方(i=0,1,2,3)开闭卷考试题都是机考试题。本书中所有的课堂练习、见 1 游戏和机考试卷都不需要人工判分，是由计算机自动判分，笔者是通过一项计算机模拟技术(详见《概率论与数理统计——模拟与模板》，科学出版社，2012)，再利用 Lingo 软件的嵌入技术开发出来的。

附录十(光盘)中有 16 个课堂练习模板。利用这些模板可以生成任意个课堂练习。比如在课堂上讲解完某一个数学方法后，需要同学进行课堂练习，就可以利用课堂练习模板制作难度相同但题型不同的 10 套课堂练习，供学号尾数为 0~9 的同学课堂练习(在机房上课)。

附录十一(光盘)中有 16 个见 1 游戏模板。如果一个班有 30 位同学，就可以利用见 1 游戏模板生成 30 套不同的见 1 游戏供 30 位同学使用。由于每个同学的见 1 游戏互不相同，所以这种个性化作业的最大优点就是最大程度地避免发生“抄作业”现象。

附录十二(光盘)中有 14 个开卷机考题模板，附录十二(光盘)中有 1 个闭卷机考题模板。利用这些模板可以生成任意多个机考试卷。这种个性化机考试卷的最大优点就是最大程度地避免“作弊”现象。

以课堂练习 1-1 为例，简单介绍如何编写见 1 游戏模板及如何利用见 1 游戏模板生成任意多套不同的见 1 游戏。首先在模板中的 4 个单元格 bh6、bh7、bi6、bi7 中分别键入公式“=INT(9*RAND()+1)”，模拟二阶行列式中的 4 个数字将在 1~9 这 9 个数字中均匀产生。附录一列出了几个在本书中经常使用的 Excel 函数。然后将这 4 个单元格 bh6、bh7、bi6、bi7 合并成一个被命名为_bh6 的单元格，再将 4 个单元格 h6、h7、i6、i7 合并成一个被命名为_h6 的单元格，通过 bh6=@ole(' 课 堂 练 习 1-1.xls','_bh6') 及 @ole(' 课 堂 练 习 1-1.xls','_h6')=bh6 可以将_bh6 中的 4 个数字传递到_h6 中，再利用 Lingo 软件编写三个插件："获取新数据"、"获取答案"和"获取题目"。这三个插件放在课堂练习 1 模板名为"出题"的工作表中，运行"获取新数据"、"获取答案"两个插件后，可以得到：

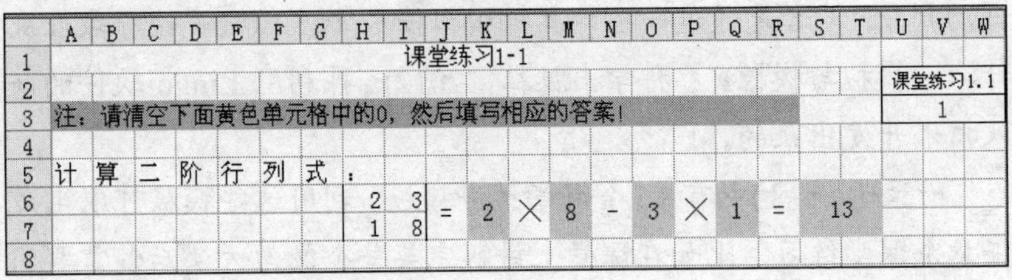

	A	B	C	D	E	F	G	H	I	J	K	L	M	N	O	P	Q	R	S	T	U	V	W
1										课堂练习1-1													
2																					课堂练习1.1		
3	注：请清空下面黄色单元格中的0，然后填写相应的答案！																				1		
4																							
5	计 算 二 阶 行 列 式 ：																						
6									2	3	=	2	×	8	-	3	×	1	=		13		
7									1	8													
8																							

　　运行"获取题目"插件后，可以得到：

	A	B	C	D	E	F	G	H	I	J	K	L	M	N	O	P	Q	R	S	T	U	V	W
1										课堂练习1-1													
2																					课堂练习1.1		
3	注：请清空下面黄色单元格中的0，然后填写相应的答案！																				0		
4																							
5	计 算 二 阶 行 列 式 ：																						
6									2	3	=	0	×	0	-	0	×	0	=		0		
7									1	8													
8																							

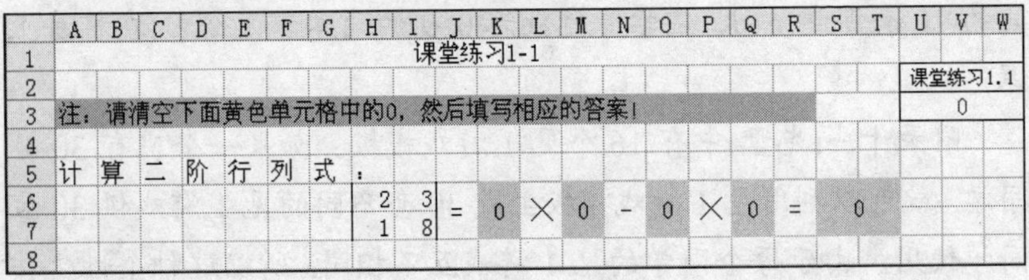

　　重复执行"获取新数据"、"获取答案"和"获取题目"后，就可以生成任意多个课堂练习 1.1 了。

　　单元格 u3 中是该题计算结果的得分，每填写一个正确答案，单元格 u3 会自动累计计算答案的得分。例如在单元格 k6 中填写了正确答案 2 或 8，则单元格 u3 中将显示 0.2：

	A	B	C	D	E	F	G	H	I	J	K	L	M	N	O	P	Q	R	S	T	U	V	W
1										课堂练习1-1													
2																					课堂练习1.1		
3	注：请清空下面黄色单元格中的0，然后填写相应的答案！																				0.2		
4																							
5	计 算 二 阶 行 列 式 ：																						
6									2	3	=	2	×	0	-	0	×	0	=		0		
7									1	8													
8																							

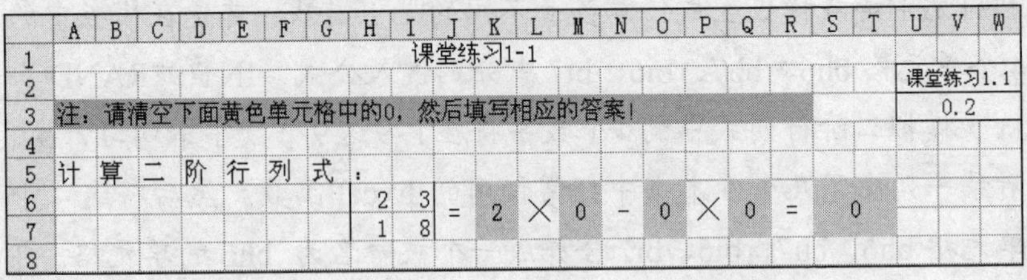

　　如果在单元格 k6 和 m6 中分别填写了正确答案 2 和 8，则单元

格 u3 中将显示 0.4:

	A	B	C	D	E	F	G	H	I	J	K	L	M	N	O	P	Q	R	S	T	U	V	W
1	课堂练习1.1																						
2																					课堂练习1.1		
3	注：请清空下面黄色单元格中的0，然后填写相应的答案！																				0.4		
4																							
5	计	算	二	阶	行	列	式	：															
6								2	3	=	2	×	8	-	0	×	0	=	0				
7								1	8														
8																							

当所有的正确答案都填写完毕，则单元格 u3 中将显示得分 1。

此模板还具有手动与自动相结合的功能。例如要计算二阶行列式

3	0.5
2	1

可以在 h6、h7、i6、i7 四个单元格中分别键入 3, 0.5, 2, 1(手动)，就会自动生成一个新的课堂练习 1-1 答案:

	A	B	C	D	E	F	G	H	I	J	K	L	M	N	O	P	Q	R	S	T	U	V	W
1	课堂练习1.1																						
2																					课堂练习1.1		
3	注：请清空下面黄色单元格中的0，然后填写相应的答案！																				1		
4																							
5	计	算	二	阶	行	列	式	：															
6								3	0.5	=	3	×	1	-	0.5	×	2	=	2				
7								2	1														
8																							

运行“获取题目”插件后，可以得到:

	A	B	C	D	E	F	G	H	I	J	K	L	M	N	O	P	Q	R	S	T	U	V	W
1	课堂练习1-1																						
2																					课堂练习1.1		
3	注：请清空下面黄色单元格中的0，然后填写相应的答案！																				0		
4																							
5	计	算	二	阶	行	列	式	：															
6								3	0.5	=	0	×	0	-	0	×	0	=	0				
7								2	1														
8																							

经过多年的教学实践，发现同济大学数学系编的《线性代数》第五版对多数同学学习来说有一定的困难，于是萌发力求通过降低题目的难度来编写它的简易版教材的想法。

附录一是频繁出现在课堂练习、见 1 游戏和机考试卷中的 Excel

函数。读者了解这些函数后，学生可以提高计算能力，老师可以提高出题能力。

附录二是让课堂练习、见 1 游戏和机考试卷能够“动”起来的 Lingo 程序，限于篇幅，这里只附课堂练习 1 的 Lingo 程序。

附录三是让课堂练习、见 1 游戏和机考试卷最出“彩”的累积自动判分的两种计分法，有了它，老师不再改作业，考试不再判卷。因此，本书用了一个副书名——Excel 版教学用书。

附录四是课堂练习和见 1 游戏的编号对照表，由于课堂练习和见 1 游戏在书中的编号是按照章序编的，为了方便教学，附录中电子版的课堂练习和见 1 游戏的编号是按照课次顺序编的。附录四是两者的编号对照表。

其他附录都是电子版，附在光盘内。

本书中所有的课堂练习、见 1 游戏和机考试卷都只有填空题、计算题和证明题三种类型，其中，计算题是提供计算思路的计算题，证明题是提供证明思路的证明题，从而降低了题目的难度，所以更加适合二本院校使用。

本书的编写出版得到了北京市教育委员会科技发展计划面上项目(KM200910012005)、中纺协会 2011 年 36 号(项目名称：《概率论与数理统计》教学方法与教学手段改革的研究与实践)和北京服装学院教育教学改革立项(JG-1329)的支持。

限于作者水平，书中存在的不足和疏漏，敬请读者批评指正。

作　者

2013 年 7 月

目　录

1 行 列 式

本章介绍二阶行列式、三阶行列式及 n 阶行列式的定义、性质及其计算方法。此外还介绍用 n 阶行列式求解 n 元线性方程组的克拉默(Cramer)法则，配有适量的课堂练习。每个课堂练习都有 10 个版本的电子版，供读者课上和课下练习。

1.1 二阶与三阶行列式

定义 1-1 称 $\begin{vmatrix} a_{11} & a_{12} \\ a_{21} & a_{22} \end{vmatrix} = a_{11}a_{22} - a_{12}a_{21}$ 为二阶行列式。

二阶行列式中有两条对角线，一条是主对角线，一条是副对角线；a_{11} 和 a_{22} 是主对角线上的两个数字，而 a_{12} 和 a_{21} 是副对角线上的两个数字。通过这两条对角线，将很容易记住二阶行列式的计算公式。

二阶行列式可以表示二元线性方程组的解。

设二元线性方程组

$$\begin{cases} a_{11}x_1 + a_{12}x_2 = b_1 \\ a_{21}x_1 + a_{22}x_2 = b_2 \end{cases}$$

用消元法解得

$$x_1 = \frac{b_1a_{22} - b_2a_{12}}{a_{11}a_{22} - a_{12}a_{21}}, x_2 = \frac{a_{11}b_2 - a_{21}b_1}{a_{11}a_{22} - a_{12}a_{21}}$$

则

$$x_1 = \frac{\begin{vmatrix} b_1 & a_{12} \\ b_2 & a_{22} \end{vmatrix}}{\begin{vmatrix} a_{11} & a_{12} \\ a_{21} & a_{22} \end{vmatrix}}, x_2 = \frac{\begin{vmatrix} a_{11} & b_1 \\ a_{21} & b_2 \end{vmatrix}}{\begin{vmatrix} a_{11} & a_{12} \\ a_{21} & a_{22} \end{vmatrix}}$$

课堂练习 1-1

计	算	二	阶	行	列	式	：											
							3	2	=	3	×	2	-	2	×	9	=	-12
							9	2										

课堂练习 1-2

求	解	二	元	线	性	方	程	组							
			-9	x_1	-	6	x_2	=	60						
			-3	x_1	+	x_2	=	-1							
解	:	由	于												
	D	=	$\begin{vmatrix} -9 & -6 \\ -3 & 1 \end{vmatrix}$	=	-27	D_1	=	$\begin{vmatrix} 60 & -6 \\ -1 & 1 \end{vmatrix}$	=	54	D_2	=	$\begin{vmatrix} -9 & 60 \\ -3 & -1 \end{vmatrix}$	=	189
	所	以													
		x_1	=	$\frac{D_1}{D}$	=	-2		x_2	=	$\frac{D_2}{D}$	=	-7			

定义 1-2 令

$$\begin{vmatrix} a_{11} & a_{12} & a_{13} \\ a_{21} & a_{22} & a_{23} \\ a_{31} & a_{32} & a_{33} \end{vmatrix} = a_{11}a_{22}a_{33} + a_{12}a_{23}a_{31} + a_{13}a_{21}a_{32} - a_{11}a_{23}a_{32} - a_{12}a_{21}a_{33}$$

$-a_{13}a_{22}a_{31}$ 称为三阶行列式。

读者可以在三阶行列式中设计出 6 条对角线，并通过这 6 条对角线来记住三阶行列式的计算公式。通过对角线来记住阶行列式的计算公式的方法，只适合二、三行列式。对应四阶及更高阶行列式的计算公式，将在下节介绍全排列的知识后再作介绍。

与二阶行列式一样，三阶行列式可以表示三元线性方程组的解。

设三元线性方程组

$$\begin{cases} a_{11}x_1 + a_{12}x_2 + a_{13}x_3 = b_1 \\ a_{21}x_1 + a_{22}x_2 + a_{23}x_3 = b_2 \\ a_{31}x_1 + a_{32}x_2 + a_{33}x_3 = b_3 \end{cases}$$

设

$$D = \begin{vmatrix} a_{11} & a_{12} & a_{13} \\ a_{21} & a_{22} & a_{23} \\ a_{31} & a_{32} & a_{33} \end{vmatrix} \neq 0$$

$$D_1 = \begin{vmatrix} b_1 & a_{12} & a_{13} \\ b_2 & a_{22} & a_{23} \\ b_3 & a_{32} & a_{33} \end{vmatrix}, D_2 = \begin{vmatrix} a_{11} & b_1 & a_{13} \\ a_{21} & b_2 & a_{23} \\ a_{31} & b_3 & a_{33} \end{vmatrix}, D_3 = \begin{vmatrix} a_{11} & a_{12} & b_1 \\ a_{21} & a_{22} & b_2 \\ a_{31} & a_{32} & b_3 \end{vmatrix}$$

则 $$x_1=\frac{D_1}{D},x_2=\frac{D_2}{D},x_3=\frac{D_3}{D}$$

课堂练习 1-3

计	算	三	阶	行	列	式				
						1	-4	-2		
				D	=	4	-4	-2	=	54
						-2	-1	4		

课堂练习 1-4

							-1	0	0												
	当	x	何	值	时	，	0	-1	x	=	0										
							0	-2	x^2												
解	:	方	程	左	端	D	=	1	x^2	-	2	x	+	0	,						
由	1	x^2	-	2	x	+	0	=	0	，	即	当	x	=	2	或	x	=	0	时	，
行	列	式	=	0。																	

课堂练习 1-5

三	元	线	性	方	程	组								
				x_1	-	9	x_2	+	x_3	=	-12			
			-3	x_1	+	5	x_2	-	x_3	=	9			
			-	x_1	+	4	x_2	-	x_3	=	2			
的	解	为	：	x_1	=	1,		x_2	=	2,		x_3	=	5。

课堂练习 1-6

二	次	多	项	式	f(x)	=		4	x^2	-	3	x	+	8	，	满	足
	f(	-1	)=	15		，	f(	2	)=	18		，	f(	5	)=	93	。

1.2 全排列及其逆序数

定义 1-3 将 n 个不同元素按 1~n 进行编号，称 n 个不同元素排成一列叫做这 n 个元素的全排列。

n 个不同元素的全排列共有 $n!$ 种。

定义 1-4 取一个排列为标准排列，其他排列中某两个元素的次序与标准排列中这两个元素的次序相反时，则称这两个元素构成一个逆序。一个排列的逆序数的总数称为逆序数。

通常取从小到大的排列为标准排列，即 1~n 的全排列中取 $1,2,3,\cdots,(n-1),n$ 为标准排列。

定义 1-5 逆序数为偶数称为偶排列，逆序数为奇数称为奇排列，标准排列规定为偶排列。

例 1-1 讨论 1, 2, 3 的全排列。

全排列	123	231	312	132	213	321
逆序数	0	2	2	1	1	3
奇偶性	偶			奇		

逆序数的计算：设 $p_1p_2\cdots p_n$ 为 $1,2,\cdots,n$ 的一个全排列，则其逆序数为

$$t = t_1 + t_2 + \cdots + t_n = \sum_{i=1}^{n} t_i$$

式中，t_i 为排在 p_i 前，且比 p_i 大的数的个数。

课堂练习 1-7

排	列	4	1	3	5	2	的	逆	序	数	为	5	。		

课堂练习 1-8

排	列	8	1	6	7	9	5	4	2	3的	逆	序	数	为	24	。

1.3 *n* 阶行列式的定义

下面可用全排列的方式改写二阶，三阶行列式。

二阶行列式

$$\begin{vmatrix} a_{11} & a_{12} \\ a_{21} & a_{22} \end{vmatrix} = a_{11}a_{22} - a_{12}a_{21} = \sum (-1)^t a_{1p_1} a_{2p_2} \cdots a_{np_n}$$

式中，(1)p_1p_2 是 1,2 的全排列；(2)t 是 p_1p_2 的逆序数；(3) $\sum$ 是对所有 1,2 的全排列求和。

三阶行列式

$$\begin{vmatrix} a_{11} & a_{12} & a_{13} \\ a_{21} & a_{22} & a_{23} \\ a_{31} & a_{32} & a_{33} \end{vmatrix}$$

$$= a_{11}a_{22}a_{33} + a_{12}a_{23}a_{31} + a_{13}a_{21}a_{32} - a_{11}a_{23}a_{32} - a_{12}a_{21}a_{33} - a_{13}a_{22}a_{31}$$

$$= \sum (-1)^t a_{1p_1} a_{2p_2} a_{3p_3}$$

式中 (1) 乘积中三个数不同行、不同列：$\pm a_{1p_1} a_{2p_2} a_{3p_3}$；

行标(第 1 个下标)：标准排列 123；

列标(第 2 个下标)：$p_1p_2p_3$ 是 1,2,3 的某个排列(共 6 种)。

(2) 正项：123, 231, 312 为偶排列；

负项：132, 213, 321 为奇排列。

定义 1-6 n 阶行列式的定义：

$$\begin{vmatrix} a_{11} & a_{21} & \cdots & a_{n1} \\ a_{12} & a_{22} & \cdots & a_{n2} \\ \cdots & \cdots & \cdots & \cdots \\ a_{1n} & a_{n2} & \cdots & a_{nn} \end{vmatrix} = \sum (-1)^t a_{1p_1} a_{2p_2} \cdots a_{np_n}$$

式中，(1)$p_1p_2\cdots p_n$ 是 $1,2,\cdots,n$ 的全排列；(2) t 是 $p_1p_2\cdots p_n$ 的逆序数；(3) $\sum$ 是对所有 $1,2,\cdots,n$ 的全排列求和。

例 1-2 计算 $D_1 = \begin{vmatrix} a_{11} & a_{12} & \ldots & a_{1n} \\ & a_{22} & \ldots & a_{2n} \\ & & \ldots & \ldots \\ & & & a_{nn} \end{vmatrix}, D_2 = \begin{vmatrix} a_{11} & a_{12} & \ldots & a_{1n} \\ a_{21} & a_{22} & & \\ \ldots & \ldots & & \\ a_{n1} & & & \end{vmatrix}$

解 D_1 中只有一项 $a_{11}a_{22}\cdots a_{nn}$ 不为 0，且列标构成排列的逆序数为

$$t(12\cdots n) = 0$$

故 $D_1 = (-1)^t a_{11}a_{22}\cdots a_{nn} = a_{11}a_{22}\cdots a_{nn}$。

D_2 中只有一项 $a_{1n}a_{2,n-1}\ldots a_{n1}$ 不为 0，且列标构成排列的逆序数为

$$t(n\cdots 21) = 1 + 2 + \cdots + (n-1) = \frac{n(n+1)}{2}$$

故 $D_2 = (-1)^t a_{1n}a_{2,n-1}\ldots a_{n1} = (-1)^{\frac{n(n+1)}{2}} a_{1n}a_{2,n-1}\ldots a_{n1}$。

结论: (1)以主对角线为分界线的上(下)三角行列式的值等于主对角线上元素的乘积。

(2)以副对角线为分界线的上(下)三角行列式的值等于副对角线上元素的乘积, 并冠以符号$(-1)^{\frac{n(n-1)}{2}}$。

特例:

$$\begin{vmatrix} \lambda_1 & & & \\ & \lambda_2 & & \\ & & \ddots & \\ & & & \lambda_n \end{vmatrix} = \lambda_1\lambda_2\cdots\lambda_n, \quad \begin{vmatrix} & & & \lambda_1 \\ & & \lambda_2 & \\ & \therefore & & \\ \lambda_n & & & \end{vmatrix} = (-1)^{\frac{n(n+1)}{2}}\lambda_1\lambda_2\cdots\lambda_n$$

课堂练习 1-9

已	知				x	-2	-3	0
		f（x）=			3	x	-4	-2
					-2	1	x	8
					-2	1	2x	-2
则	x^3	的	系	数	=	-18		。

注: 上面的行列式展开式中只有 $a_{11}a_{22}a_{33}a_{44}$ 和 $a_{11}a_{22}a_{34}a_{43}$ 两项含 x^3。

1.4 对 换

定义 1-7 一个排列中某两个元素的位置互换称为对换。

定理 1-1 对换一次改变排列的奇偶性。

课堂练习 1-10

	排	列	2	3	5	4	1	的	逆	序	数	=	5,		为	奇	排	列	,	将	第
2	个	位	置	与	第		5	个	位	置	的	数	对	换	后	得	到	排	列	2	1	5
4	3	,	该	排	列	的	逆	序	数	=		4,		为	偶	排	列	。			

定理 1-2 n 阶行列式为

$$\begin{vmatrix} a_{11} & a_{21} & \cdots & a_{n1} \\ a_{12} & a_{22} & \cdots & a_{n2} \\ \cdots & \cdots & \cdots & \cdots \\ a_{1n} & a_{n2} & \cdots & a_{nn} \end{vmatrix} = \sum (-1)^t a_{p_1 1} a_{p_2 2} \cdots a_{p_n n}$$

式中, t 为 $p_1p_2\cdots p_n$ 的逆序数。

1.5 行列式的性质

定义 1-8 设

$$D=\begin{vmatrix} u_{11} & u_{21} & \cdots & u_{n1} \\ a_{12} & a_{22} & \cdots & a_{n2} \\ \cdots & \cdots & \cdots & \cdots \\ a_{1n} & a_{2n} & \cdots & a_{nn} \end{vmatrix}$$

称

$$D^{\mathrm{T}}=\begin{vmatrix} a_{11} & a_{21} & \cdots & a_{n1} \\ a_{21} & a_{22} & \cdots & a_{n2} \\ \cdots & \cdots & \cdots & \cdots \\ a_{1n} & a_{2n} & \cdots & a_{nn} \end{vmatrix}$$

为 D 的转置矩阵。

性质 1-1 行列式与它的转置行列式相等。

课堂练习 1-11

						-2	-1	-4				-2	-2	-4					
设	行	列	式	D	=	-2	1	-3	,	D^T	=	-1	1	0	,	则			
						-4	0	-4				-4	-3	-4					
	D	=		-12	,	D^T	=		-12	。									

性质 1-2 行列式互换两行(列), 行列式变号。

课堂练习 1-12

							2	1	-3											
	将	行	列	式	D	=	-1	-4	-2	的	第	2	行	与	第	3	行	交	换	后
							1	-4	-3											
					2	1	-3													
	得	到	D_1	=	1	-4	-3	,	则	D	=		-21	,	D_1	=	21		,	即
					-1	-4	-2													
D	=	-	D_1	。																

推论 行列式有两行(列)相同, 则此行列式为零。

性质 1-3 行列式的某一行(列)的所有元素乘以数 k，等于用数 k 乘以该行列式。

推论 行列式的某一行(列)所有元素的公因子可以提到行列式符号外。

<u>**课堂练习 1-13**</u>

						0	2	-4											
将	行	列	式	D	=	-3	-1	1	的	第	2	行	乘	以	3	后	，	得	到
						3	3	-4											
		0	2	-4															
D_1	=	6	2	-2	，	则	D	=	6		，	D_1	=		-12	，			
		3	3	-4															
即	D_1	=	3	D	。														

性质 1-4 行列式中有两行(列)的元素对应成比例，则此行列式为零。

性质 1-5 若行列式中某一行(列)的元素都是两数之和，则此行列式等于两个行列式之和。

即若

$$D=\begin{vmatrix} a_{11} & \cdots & a_{1i}+b_{1i} & \cdots & a_{1n} \\ a_{21} & \cdots & a_{2i}+b_{2i} & \cdots & a_{2n} \\ \cdots & \cdots & \cdots & \cdots & \cdots \\ a_{n1} & \cdots & a_{ni}+b_{ni} & \cdots & a_{nn} \end{vmatrix}$$

则

$$D=\begin{vmatrix} a_{11} & \cdots & a_{1i} & \cdots & a_{1n} \\ a_{21} & \cdots & a_{2i} & \cdots & a_{2n} \\ \cdots & \cdots & \cdots & \cdots & \cdots \\ a_{n1} & \cdots & a_{ni} & \cdots & a_{nn} \end{vmatrix}+\begin{vmatrix} a_{11} & \cdots & b_{1i} & \cdots & a_{1n} \\ a_{21} & \cdots & b_{2i} & \cdots & a_{2n} \\ \cdots & \cdots & \cdots & \cdots & \cdots \\ a_{n1} & \cdots & b_{ni} & \cdots & a_{nn} \end{vmatrix}$$

性质 1-6 把行列式某一行(列)的元素乘以数 k 再加到另一行(列)上，则该行列式不变。

课堂练习 1-14

将行列式 $D=\begin{vmatrix} -4 & -4 & -3 \\ 1 & 3 & 4 \\ 2 & -3 & -3 \end{vmatrix}$ 的第 1 行乘以 5 加到第 3 行

得到 $D_1=\begin{vmatrix} -4 & -4 & -3 \\ 1 & 3 & 4 \\ -18 & -23 & -18 \end{vmatrix}$，则 $D=-29$，$D_1=-29$，

即 $D_1=D$。

课堂练习 1-15

计算 5 阶行列式 $D=\begin{vmatrix} 1 & -2 & 3 & -2 & 3 \\ 2 & -3 & 8 & -6 & 4 \\ 3 & -2 & 18 & -11 & 4 \\ -2 & 0 & -17 & 4 & -4 \\ 3 & -6 & 13 & 2 & 6 \end{vmatrix}$

解：

$$D=\begin{vmatrix} 1 & -2 & 3 & -2 & 3 \\ 0 & 1 & 2 & -2 & -2 \\ 0 & 4 & 9 & -5 & -5 \\ 0 & -4 & -11 & 0 & 2 \\ 0 & 0 & 4 & 8 & -3 \end{vmatrix}=\begin{vmatrix} 1 & -2 & 3 & -2 & 3 \\ 0 & 1 & 2 & -2 & -2 \\ 0 & 0 & 1 & 3 & 3 \\ 0 & 0 & -3 & -8 & -6 \\ 0 & 0 & 4 & 8 & -3 \end{vmatrix}=\begin{vmatrix} 1 & -2 & 3 & -2 & 3 \\ 0 & 1 & 2 & -2 & -2 \\ 0 & 0 & 1 & 3 & 3 \\ 0 & 0 & 0 & 1 & 3 \\ 0 & 0 & 0 & -4 & -15 \end{vmatrix}$$

$$=\begin{vmatrix} 1 & -2 & 3 & -2 & 3 \\ 0 & 1 & 2 & -2 & -2 \\ 0 & 0 & 1 & 3 & 3 \\ 0 & 0 & 0 & 1 & 3 \\ 0 & 0 & 0 & 0 & -3 \end{vmatrix}=-2$$

课堂练习 1-16

计算 4 阶行列式

$$D=\begin{vmatrix} -5 & 1 & 1 & 1 \\ 1 & -5 & 1 & 1 \\ 1 & 1 & -5 & 1 \\ 1 & 1 & 1 & -5 \end{vmatrix}$$

解：由行列式的性质知，将 D 的第 2 行、第 3 行、第 4 行分别加到第 1 行后得到行列式的值不变，即

$$D=\begin{vmatrix} -5 & 1 & 1 & 1 \\ 1 & -5 & 1 & 1 \\ 1 & 1 & -5 & 1 \\ 1 & 1 & 1 & -5 \end{vmatrix}=\begin{vmatrix} -2 & -2 & -2 & -2 \\ 1 & -5 & 1 & 1 \\ 1 & 1 & -5 & 1 \\ 1 & 1 & 1 & -5 \end{vmatrix}=-2\begin{vmatrix} 1 & 1 & 1 & 1 \\ 1 & -5 & 1 & 1 \\ 1 & 1 & -5 & 1 \\ 1 & 1 & 1 & -5 \end{vmatrix}$$

（第 1 行乘以 -1 分别加到第 2 行、第 3 行、第 4 行）

$$=-2\begin{vmatrix} 1 & 1 & 1 & 1 \\ 0 & -6 & 0 & 0 \\ 0 & 0 & -6 & 0 \\ 0 & 0 & 0 & -6 \end{vmatrix}=-2\times-6\times-6\times-6=432$$

1.6 行列式按行(列)展开

定义 1-9 在 n 阶行列式中，把元素 a_{ij} 所处的第 i 行、第 j 列划去，剩下的元素按原排列构成的 n–1 阶行列式，称为 a_{ij} 的余子式，记为 M_{ij}；而 $A_{ij}=(-1)^{i+j}M_{ij}$ 称为 a_{ij} 的代数余子式。

课堂练习 1-17

			a11	a12	a13	a14		-5	7	-3	-8
设	D	=	a21	a22	a23	a24	=	8	-8	-8	5
			a31	a32	a33	a34		1	-8	7	3
			a41	a42	a43	a44		-6	-9	-3	-5
								-5	-3	-8	
则	a32	的	余	子	式	M32	=	8	-8	5	
								-6	-3	-5	

课堂练习 1-18

			a11	a12	a13	a14		3	-9	6	-8		
设	D	=	a21	a22	a23	a24	=	-8	8	-4	-9		
			a31	a32	a33	a34		2	8	-3	-5		
			a41	a42	a43	a44		4	-1	7	-3		
											3	6	-8
则	a32	的	代	数	余	子	式	A32	=	-	-8	-4	-9
											4	7	-3

引理 如果 n 阶行列式中的第 i 行除 a_{ij} 外其余元素均为零，即

$$D=\begin{vmatrix} a_{11} & \cdots & a_{1j} & \cdots & a_{1n} \\ \cdots & \cdots & \cdots & \cdots & \cdots \\ 0 & \cdots & a_{ij} & \cdots & 0 \\ \cdots & \cdots & \cdots & \cdots & \cdots \\ a_{n1} & \cdots & a_{nj} & \cdots & a_{nn} \end{vmatrix}$$

则 $D=a_{ij}A_{ij}$。

证明:

先证简单情形:

$$D=\begin{vmatrix} a_{11} & 0 & \cdots & 0 \\ a_{12} & a_{22} & \cdots & a_{2n} \\ \cdots & \cdots & \cdots & \cdots \\ a_{1n} & a_{2n} & \cdots & a_{nn} \end{vmatrix}=|a_{11}|\begin{vmatrix} a_{22} & \cdots & a_{2n} \\ \cdots & \cdots & \cdots \\ a_{2n} & \cdots & a_{nn} \end{vmatrix}=a_{11}M_{11}=a_{11}A_{11}$$

再证一般情形:

$$D\xlongequal[c_j\leftrightarrow c_{j-1},\cdots,c_2\leftrightarrow c_1]{r_i\leftrightarrow r_{i-1},\cdots,r_2\leftrightarrow r_1}(-1)^{i-1+j-1}\begin{vmatrix} a_{ij} & 0 & \cdots & 0 \\ a_{1j} & a_{11} & \cdots & a_{1n} \\ \cdots & \cdots & \cdots & \cdots \\ a_{nj} & a_{n1} & \cdots & a_{nn} \end{vmatrix}$$

$$=(-1)^{i+j}a_{ij}M_{ij}=a_{ij}A_{ij}$$

定理 1-3 行列式等于它的任意一行(列)的各元素与对应的代数余子式乘积之和, 即

$$D=a_{i1}A_{i1}+a_{i2}A_{i2}+\cdots+a_{in}A_{in},\ (i=1,2,\cdots,n)$$

$$D=a_{1j}A_{1j}+a_{2j}A_{2j}+\cdots+a_{nj}A_{nj},\ (j=1,2,\cdots,n)$$

(此定理称为行列式按行(列)展开定理)

证明:

$$D=\begin{vmatrix} a_{11} & a_{12} & \cdots & a_{1n} \\ \cdots & \cdots & \cdots & \cdots \\ a_{i1}+0+\cdots+0 & 0+a_{i2}+\cdots+0 & \cdots & 0+0+\cdots+a_{in} \\ \cdots & \cdots & \cdots & \cdots \\ a_{n1} & a_{n2} & \cdots & a_{nn} \end{vmatrix}$$

$$=\begin{vmatrix} a_{11} & a_{12} & \cdots & a_{1n} \\ \cdots & \cdots & \cdots & \cdots \\ a_{i1} & 0 & \cdots & 0 \\ \cdots & \cdots & \cdots & \cdots \\ a_{n1} & a_{n2} & \cdots & a_{nn} \end{vmatrix}+\begin{vmatrix} a_{11} & a_{12} & \cdots & a_{1n} \\ \cdots & \cdots & \cdots & \cdots \\ 0 & a_{i2} & \cdots & 0 \\ \cdots & \cdots & \cdots & \cdots \\ a_{n1} & a_{n2} & \cdots & a_{nn} \end{vmatrix}+\cdots+\begin{vmatrix} a_{11} & a_{12} & \cdots & a_{1n} \\ \cdots & \cdots & \cdots & \cdots \\ 0 & 0 & \cdots & a_{in} \\ \cdots & \cdots & \cdots & \cdots \\ a_{n1} & a_{n2} & \cdots & a_{nn} \end{vmatrix}$$

$$=a_{i1}A_{i1}+a_{i2}A_{i2}+\cdots+a_{in}A_{in},(i=1,2,\cdots,n)$$

定理 1-3 的推论 行列式一行(列)的各元素与另一行(列)对应各元素的代数余子式乘积之和为零，即

$$a_{i1}A_{j1}+a_{i2}A_{j2}+\cdots+a_{in}A_{jn}=0,(i\neq j)$$

$$a_{1i}A_{1j}+a_{2i}A_{2j}+\cdots+a_{ni}A_{nj}=0,(i\neq j)$$

结合定理及推论，得

$$a_{i1}A_{j1}+a_{i2}A_{j2}+\cdots+a_{in}A_{jn}=\begin{cases}D,(i=j)\\0,\ (i\neq j)\end{cases}$$

$$a_{1i}A_{1j}+a_{2i}A_{2j}+\cdots+a_{ni}A_{nj}=\begin{cases}D,(i=j)\\0,\ (i\neq j)\end{cases}$$

或

$$\sum_{k=1}^{n}a_{ik}A_{jk}=D\delta_{ij},\sum_{k=1}^{n}a_{ki}A_{kj}=D\delta_{ij},$$

其中

$$\delta_{ij}=\begin{cases}1,(i=j)\\0,(i\neq j)\end{cases}$$

例 1-3 证明范德蒙德(Vandermonde)行列式

$$D_n=\begin{vmatrix}1 & 1 & 1 & \ldots & 1\\ x_1 & x_2 & x_3 & \ldots & x_n\\ x_1^2 & x_2^2 & x_3^2 & \ldots & x_n^2\\ \ldots & \ldots & \ldots & \ldots & \ldots\\ x_1^{n-1} & x_2^{n-1} & x_3^{n-1} & \ldots & x_n^{n-1}\end{vmatrix}=\prod_{n\geqslant i>j\geqslant 1}\left(x_i-x_j\right) \tag{1-1}$$

式中，记号“$\prod$”表示全体同类因子的乘积。

证明： 用数学归纳法，因为

$$D_2=\begin{vmatrix}1 & 1\\ x_1 & x_2\end{vmatrix}=x_2-x_1=\prod_{2\geqslant i>j\geqslant 1}\left(x_i-x_j\right)$$

所以当 $n=2$ 时式(1-1)成立。现在假设式(1-1)对于 $n-1$ 阶范德蒙德行列式成立，要证式(1-1)对于 n 阶范德蒙德行列式成立。

为此，设法把 D_n 降阶：从第 n 行开始，后行减去前行的 x_1 倍，有

$$D_n=\begin{vmatrix}1 & 1 & 1 & \cdots & 1\\ 0 & x_2-x_1 & x_3-x_1 & \cdots & x_n-x_1\\ 0 & x_2(x_2-x_1) & x_3(x_3-x_1) & \cdots & x_n(x_n-x_1)\\ \cdots & \cdots & & \cdots & \cdots\\ 0 & x_2^{n-2}(x_2-x_1) & x_3^{n-2}(x_3-x_1) & \cdots & x_n^{n-2}(x_n-x_1)\end{vmatrix}$$

按第 1 列展开，并把每列的公因子(x_i-x_1)提出，就有

$$D_n=(x_2-x_1)(x_3-x_1)\dots(x_n-x_1)\begin{vmatrix}1 & 1 & \cdots & 1\\ x_2 & x_3 & \cdots & x_n\\ \cdots & \cdots & \cdots & \cdots\\ x_2^{n-2} & x_3^{n-2} & \cdots & x_n^{n-2}\end{vmatrix}$$

上式右端的行列式是 n–1 阶范德蒙德行列式，按归纳法假设，它等于所有(x_i-x_j)因子的乘积，其中$n\geqslant i>j\geqslant 2$，故

$$D_n=(x_2-x_1)(x_3-x_1)\dots(x_n-x_1)\prod_{n\geqslant i>j\geqslant 2}(x_i-x_j)$$

$$=\prod_{n\geqslant i>j\geqslant 1}(x_i-x_j)$$

证毕。

课堂练习 1-19

										1	1	1	1			
										-2	-1	2	4			
4	阶	范	德	蒙	德	行	列	式	D_4 =	4	1	4	16	=	720	
										-8	-1	8	64			

课堂练习 1-20

			-5	-3	1	8														
	设	D=	-7	-6	2	5														
			3	-8	7	-4														
			8	4	-8	-5														
	D	的	第	(i,j)		元	的	余	子	式	和	代	数	余	子	式	记	作	M_{ij}	和 A_{ij}
求	A_{11} +		A_{12} +		A_{13} +		A_{14}，		M_{11} +		M_{21} +		M_{31} +		M_{41}					

解：由(9)式可知 $A_{11}+A_{12}+A_{13}+A_{14}$ 等于用 1，1，1，1代替 D 的第1行所得的行列式，即

$$A_{11}+A_{12}+A_{13}+A_{14}=\begin{vmatrix}1&1&1&1\\-7&-6&2&5\\3&-8&7&-4\\8&4&-8&-5\end{vmatrix}$$

（将第1行乘以-4、0、-2分别加到第2、3、4行）

$$=\begin{vmatrix}1&2&3&4\\0&1&9&12\\0&-11&4&-7\\0&-4&-16&-13\end{vmatrix}=\begin{vmatrix}1&9&12\\-11&4&-7\\-4&-16&-13\end{vmatrix}=1105$$

由(10)式可知 $M_{11}+M_{21}+M_{31}+M_{41}=A_{11}-A_{12}+A_{13}-A_{14}$

$$=\begin{vmatrix}1&-3&1&8\\-1&-6&2&5\\1&-8&7&-4\\-1&4&-8&-5\end{vmatrix}=\begin{vmatrix}1&-3&1&8\\0&-9&3&13\\0&-5&6&-12\\0&1&-7&3\end{vmatrix}=\begin{vmatrix}-9&3&13\\-5&6&-12\\1&-7&3\end{vmatrix}=980$$

（将第1行乘以1、-1、1分别加到第2、3、4行）

1.7 克拉默法则

定理 1-4 (克拉默法则)

设线性方程组

$$\begin{cases}a_{11}x_1+a_{12}x_2+\cdots+a_{1n}x_n=b_1\\a_{21}x_1+a_{22}x_2+\cdots+a_{2n}x_n=b_2\\\qquad\vdots\\a_{n1}x_1+a_{n2}x_2+\cdots+a_{nn}x_n=b_n\end{cases}$$

的系数行列式

$$D=\begin{vmatrix}a_{11}&a_{21}&\cdots&a_{n1}\\a_{12}&a_{22}&\cdots&a_{n2}\\\cdots&\cdots&\cdots&\cdots\\a_{1n}&a_{2n}&\cdots&a_{nn}\end{vmatrix}\neq 0$$

则上述线性方程组有唯一解:

$$x_1=\frac{D_1}{D},x_2=\frac{D_2}{D},\cdots,x_n=\frac{D_n}{D}$$

其中

$$D_j=\begin{vmatrix} a_{11} & \cdots & a_{1,j-1} & b_1 & a_{1,j+1} & \cdots & a_{1n} \\ a_{21} & \cdots & a_{2,j-1} & b_2 & a_{2,j+1} & \cdots & a_{2n} \\ \cdots & \cdots & \cdots & \cdots & \cdots & \cdots & \cdots \\ a_{n1} & \cdots & a_{n,j-1} & b_n & a_{n,j+1} & \cdots & a_{nn} \end{vmatrix}$$

证明在第 2 章。

当 $b_1,b_2,\cdots,b_n$ 全为零时，即

$$\begin{cases} a_{11}x_1+a_{12}x_2+\cdots+a_{1n}x_n=0 \\ a_{21}x_1+a_{22}x_2+\cdots+a_{2n}x_n=0 \\ \qquad\qquad\vdots \\ a_{n1}x_1+a_{n2}x_2+\cdots+a_{nn}x_n=0 \end{cases}$$

称之为齐次线性方程组。显然，齐次线性方程组必定有解 $x_1=0$, $x_2=0,\cdots,x_n=0$。

根据克拉默法则，有

(1)齐次线性方程组的系数行列式 $D\neq0$ 时，则它只有零解(没有非零解)；

(2)反之，齐次线性方程组有非零解，则它的系数行列式 $D=0$。

课堂练习 1-21

利	用	克	拉	默	法	则	解	线	性	方	程	组	
{	1	x1	+	9	x2	−	9	x3	−	9	x4	=	4
	−9	x1	−	80	x2	+	81	x3	+	81	x4	=	11
	8	x1	+	72	x2	−	71	x3	−	72	x4	=	14
	−9	x1	−	81	x2	+	81	x3	+	82	x4	=	−13

解	:	1	9	−9	−9					4	9	−9	−9		
D	=	−9	−80	81	81	=	1	D1	=	11	−80	81	81	=	−374
		8	72	−71	−72					14	72	−71	−72		
		−9	−81	81	82					−13	−81	81	82		
		1	4	−9	−9					1	9	4	−9		
D2	=	−9	11	81	81	=	47	D3	=	−9	−80	11	81	=	−18
		8	14	−71	−72					8	72	14	−72		
		−9	−13	81	82					−9	−81	−13	82		

$$D_4=\begin{vmatrix}1&9&-9&4\\-9&-80&81&11\\8&72&-71&14\\-9&-81&81&-13\end{vmatrix}=23$$

则

$$x_1=\frac{D_1}{D}=-374,\quad x_2=\frac{D_2}{D}=47$$

$$x_3=\frac{D_3}{D}=-18,\quad x_4=\frac{D_4}{D}=23$$

课堂练习 1-22

设曲线 $y=a_0+a_1x+a_2x^2+a_3x^3$ 通过四点（-2，-18），（-1，-3），（1，9），（2，42），求系数 a_0，a_1，a_2，a_3

解：把四个点的坐标代入曲线方程，得线性方程组：

$$\begin{cases}a_0-2a_1+4a_2-8a_3=-18\\a_0-a_1+a_2-a_3=-3\\a_0+a_1+a_2+a_3=9\\a_0+2a_1+4a_2+8a_3=42\end{cases}$$

其系数行列式

$$D=\begin{vmatrix}1&-2&4&-8\\1&-1&1&-1\\1&1&1&1\\1&2&4&8\end{vmatrix}=72$$

$$D_1=\begin{vmatrix}-18&-2&4&-8\\-3&-1&1&-1\\9&1&1&1\\42&2&4&8\end{vmatrix}=1E-13\qquad D_2=\begin{vmatrix}1&-18&4&-8\\1&-3&1&-1\\1&9&1&1\\1&42&4&8\end{vmatrix}=216$$

$$D_3=\begin{vmatrix}1&-2&-18&-8\\1&-1&-3&-1\\1&1&9&1\\1&2&42&8\end{vmatrix}=216\qquad D_4=\begin{vmatrix}1&-2&4&-18\\1&-1&1&-3\\1&1&1&9\\1&2&4&42\end{vmatrix}=216$$

则

$$a_1=\frac{D_1}{D}=2E-15,\quad a_2=\frac{D_2}{D}=3$$

$$a_3=\frac{D_3}{D}=3,\quad a_4=\frac{D_4}{D}=3$$

课堂练习 1-23

问 λ 取何值时，齐次线性方程组

$$\begin{cases}(4-\lambda)x+2y+3z=0\\1x+(6-\lambda)y=0\\2x+(6-\lambda)z=0\end{cases}$$

解：由定理1-5可知，若所给齐次线性方程组有非零解，				
解，则其系数行列式D = 0，而				
		4 - λ	2	3
	D =	1	6 - λ	0
		2	0	6 - λ
由D = 0，得λ = 2，λ = 6或λ = 8				

课堂练习 1-24

6阶行列式								
	5	0	0	0	0	1		
	0	5	0	0	0	0		
	0	0	5	0	0	0	=	15000
	0	0	0	5	0	0		
	0	0	0	0	5	0		
	1	0	0	0	0	5		

课堂练习 1-25

6阶行列式								
	-2	-3	-3	-3	-3	-3		
	-3	-2	-3	-3	-3	-3		
	-3	-3	-2	-3	-3	-3	=	-17
	-3	-3	-3	-2	-3	-3		
	-3	-3	-3	-3	-2	-3		
	-3	-3	-3	-3	-3	-2		

课堂练习 1-26

6阶行列式								
	-4	1	1	1	1	1		
	1	3	1	1	1	1		
	1	1	-2	1	1	1	=	556
	1	1	1	-1	1	1		
	1	1	1	1	2	1		
	1	1	1	1	1	-6		

见 1 游戏

注：请清空下面黄色单元格中的0，然后填写相应的答案。

见 1 游戏 1-1

计算二阶行列式：												
	8	3	=	0	×	0	-	0	×	0	=	0
	9	5										

见 1 游戏 1-2

解方程组
$$\begin{cases} 5x_1 + 1x_2 = 3 \\ 6x_1 + 3x_2 = 0 \end{cases}$$

解：

$$D = \begin{vmatrix} 5 & 1 \\ 6 & 3 \end{vmatrix} = 0 \qquad D_1 = \begin{vmatrix} 3 & 1 \\ 0 & 3 \end{vmatrix} = 0 \qquad D_2 = \begin{vmatrix} 5 & 3 \\ 6 & 0 \end{vmatrix} = 0$$

所以

$$x_1 = \frac{D_1}{D} = 0 \qquad x_2 = \frac{D_2}{D} = 0$$

见 1 游戏 1-3

当 x 何值时，
$$\begin{vmatrix} -1 & 0 & -3 \\ -1 & -1 & x \\ 3 & -2 & x^2 \end{vmatrix} \neq 0$$

解：方程左端 $D = 0x^2 - 0x - 0$，

由 $0x^2 - 0x - 0 = 0$，即当 $x \neq 0$ 或 $x \neq 0$ 时，

行列式 $\neq 0$。

见 1 游戏 1-4

从甲地至乙地全长 450m，有上坡路，平路，下坡路．李强骑车上坡速度是每分钟300m，平路上速度是 500m/min，下坡速度是每分钟600m，从甲地到乙地，李强骑了 10min，从乙地到甲地，李强行走了 11min．问从甲地到乙地，各种路段分别是多少百米。

解：设从甲地到乙地，各种路段分别是 x_1、x_2 和 x_3 百米，则

$$\begin{cases} x_1 + x_2 + x_3 = 45 \\ \frac{1}{3}x_1 + \frac{1}{5}x_2 + \frac{1}{6}x_3 = 10 \\ \frac{1}{6}x_1 + \frac{1}{5}x_2 + \frac{1}{3}x_3 = 11 \end{cases}$$

即：
$$\begin{cases} x_1 + x_2 + x_3 = 45 \\ 10x_1 + 6x_2 + 5x_3 = 300 \\ 5x_1 + 6x_2 + 10x_3 = 330 \end{cases}$$

$$D = \begin{vmatrix} 1 & 1 & 1 \\ 10 & 6 & 5 \\ 5 & 6 & 10 \end{vmatrix} = 0 \qquad D_1 = \begin{vmatrix} 45 & 1 & 1 \\ 300 & 6 & 5 \\ 330 & 6 & 10 \end{vmatrix} = 0$$

$$D_2 = \begin{vmatrix} 1 & 45 & 1 \\ 10 & 300 & 5 \\ 5 & 330 & 10 \end{vmatrix} = 0 \qquad D_3 = \begin{vmatrix} 1 & 1 & 45 \\ 10 & 6 & 300 \\ 5 & 6 & 330 \end{vmatrix} = 0$$

$$x_1 = \frac{D_1}{D} = 0 \qquad x_2 = \frac{D_2}{D} = 0 \qquad x_3 = \frac{D_3}{D} = 0$$

从甲地到乙地，各种路段分别是 0、0 和 0 百米。

见1游戏1-5

排	列	2	4	1	5	7	8	3	6	9	的	逆	序	数	0	。

见1游戏1 6

补	充	下	面	四	阶	行	列	式	计	算	公	式	中	三	项	的	符	号	:
a11	a12	a13	a14																
a21	a22	a23	a24	=	a11	a22	a33	a44	−	a11	a22	a34	a43		a11	a23	a34	a42	
a31	a32	a33	a34	−	a11	a23	a32	a44	+	a11	a24	a32	a43	−	a11	a24	a33	a42	
a41	a42	a43	a44	−	a12	a21	a33	a44	−	a12	a21	a34	a43	−	a12	a23	a34	a41	
				+	a12	a23	a31	a44	−	a12	a24	a31	a43	+	a12	a24	a33	a41	
				−	a13	a24	a32	a41	−	a13	a21	a34	a42	−	a13	a22	a31	a44	
				+	a13	a22	a34	a41	+	a13	a24	a31	a42	+	a13	a21	a32	a44	
					a14	a22	a31	a43	+	a14	a21	a33	a42	−	a14	a21	a32	a43	
				−	a14	a22	a33	a41	−	a14	a23	a31	a42	+	a14	a23	a32	a41	

见1游戏1-7

	排	列	5	2	3	1	4	的	逆	序	数	=	0	,	为	0	排	列	,	将	第
1	个	位	置	与	第	3	个	位	置	的	数	对	换	后	得	到	排	列	3	2	5
1	4	,	该	排	列	的	逆	序	数	=	0	,	为	0	排	列	。				

见1游戏1-8

								3	1	4											
		将	行	列	式	D	=	-4	-4	4	的	第	1	列	与	第	3	列	交	换	后
								-2	-4	0											
						4	1	3													
		得	到	D_1	=	4	-4	-4	,	则	D	=	0		,	D_1	=	0		,	即
						0	-4	-2													
	D	=	0	D_1	。																

见1游戏1-9

						-3	2	-3											
将	行	列	式	D	=	1	-1	0	的	第	1	行	乘	以	-3	后	,	得	到
						3	3	2											
		-4	-1	20															
D_1	=	3	3	-12	,	则	D	=	0		,	D_1	=	0		,			
		-4	3	18															
即	D_1	=	0	D	。														

见 1 游戏 1-10

							-4	-1	4												
	将	行	列	式	D	=	3	3	0	的	第	1	列	乘	以	-4	加	到	第	3	列
							-4	3	2												
				-4	-1	20															
得	到	D_1	=	3	3	-12	,	则	D	=	0		,	D_1	=	0		,			
				-4	3	18															
		即	D_1	= 0	D	。															

见 1 游戏 1-11

	计	算	4	阶	行	列	式															
				-10	1	1	1															
		D	=	1	-10	1	1															
				1	1	-10	1															
				1	1	1	-10															
	解	:	由	行	列	式	的	性	质	知	,	将	D	的	第	2	行	、	第	3	行	、
第	4	行	分	别	加	到	第	1	行	后	得	到	行	列	式	的	值	不	变	，	即	
				-10	1	1	1		0	0	0	0			0	0	0	0				
		D	=	1	-10	1	1	=	0	0	0	0	=	-7	0	0	0	0				
				1	1	-10	1		0	0	0	0			0	0	0	0				
				1	1	1	-10		0	0	0	0			0	0	0	0				
(	第	1	行	乘	以	-1	分	别	加	到	第	2	行	、	第	3	行	、	第	4	行	)
					0	0	0	0														
			=	-7	0	0	0	0	=	0	×	0	×	0	×	0	=	0				
					0	0	0	0														
					0	0	0	0														

见 1 游戏 1-12

						-5	-8	-6											
将	三	阶	行	列	式	8	7	1	按	照	第	1	列	展	开	得	到	:	
						7	4	4											
-5	-8	-6																	
8	7	1	=	0	0	×	0	0	0	0	×	0	0	0	0	×	0	0	
7	4	4					0	0				0	0				0	0	
			=	(	0	)	×	(	0	)	+	(	0	)	×	(	0	)	+
				(	0	)	×	(	0	)									
			=	0															

注: 在绿色单元格填上符号。

见 1 游戏 1-13

			-2	-1	-1	-4
	设	D=	-1	-4	6	-9
			-9	-2	8	5
			0	-8	-3	1

D 的第 (i,j) 元的余子式和代数余子式记作 M_{ij} 和 A_{ij}

求 $A_{11}+A_{12}+A_{13}+A_{14}$，$M_{11}+M_{21}+M_{31}+M_{41}$

解：由定理1-3可知 $A_{11}+A_{12}+A_{13}+A_{14}$ 等于用 1，1，1，1 代替 D 的第1行所得的行列式，即

$$A_{11}+A_{12}+A_{13}+A_{14}=\begin{vmatrix}0&0&0&0\\0&0&0&0\\0&0&0&0\\0&0&0&0\end{vmatrix}$$

（将第1行乘以 1、9、0 分别加到第 2、3、4行）

$$=\begin{vmatrix}0&0&0&0\\0&0&0&0\\0&0&0&0\\0&0&0&0\end{vmatrix}=\begin{vmatrix}0&0&0\\0&0&0\\0&0&0\end{vmatrix}=0$$

由定理1-3可知 $M_{11}+M_{21}+M_{31}+M_{41}=A_{11}-A_{12}+A_{13}-A_{14}$

$$=\begin{vmatrix}0&0&0&0\\0&0&0&0\\0&0&0&0\\0&0&0&0\end{vmatrix}=\begin{vmatrix}0&0&0&0\\0&0&0&0\\0&0&0&0\\0&0&0&0\end{vmatrix}=\begin{vmatrix}0&0&0\\0&0&0\\0&0&0\end{vmatrix}=0$$

（将第1行乘以 1、-1、1 分别加到第 2、3、4行）。

见1游戏1-14

利用克拉默法则解线性方程组

$$\begin{cases}1x_1-1x_2+7x_3+7x_4=7\\5x_1-4x_2+35x_3+35x_4=-7\\1x_1-1x_2+8x_3+7x_4=3\\7x_1-7x_2+49x_3+50x_4=5\end{cases}$$

解：

$$D=\begin{vmatrix}0&0&0&0\\0&0&0&0\\0&0&0&0\\0&0&0&0\end{vmatrix}=0,\quad D_1=\begin{vmatrix}0&0&0&0\\0&0&0&0\\0&0&0&0\\0&0&0&0\end{vmatrix}=0$$

$$D_2=\begin{vmatrix}0&0&0&0\\0&0&0&0\\0&0&0&0\\0&0&0&0\end{vmatrix}=0,\quad D_3=\begin{vmatrix}0&0&0&0\\0&0&0&0\\0&0&0&0\\0&0&0&0\end{vmatrix}=0$$

$$D_4=\begin{vmatrix}0&0&0&0\\0&0&0&0\\0&0&0&0\\0&0&0&0\end{vmatrix}=0$$

则

$$x_1=\frac{D_1}{D}=0,\quad x_2=\frac{D_2}{D}=0$$

$$x_3=\frac{D_3}{D}=0,\quad x_4=\frac{D_4}{D}=0$$

见1 游戏1-15

设曲线 $y=a_0+a_1x+a_2x^2+a_3x^3$ 通过四点（-2，-1），（-1，2），（1，2），（2，23），求系数 a_0，a_1，a_2，a_3。

解：把四个点的坐标代入曲线方程，得线性方程组：

$$\begin{cases} a_0 - 2a_1 + 4a_2 - 8a_3 = 0 \\ a_0 - a_1 + a_2 - a_3 = 0 \\ a_0 + a_1 + a_2 + a_3 = 0 \\ a_0 + 2a_1 + 4a_2 + 8a_3 = 0 \end{cases}$$

其系数行列式

$$D=\begin{vmatrix} 0 & 0 & 0 & 0 \\ 0 & 0 & 0 & 0 \\ 0 & 0 & 0 & 0 \\ 0 & 0 & 0 & 0 \end{vmatrix}=0$$

$$D_1=\begin{vmatrix} 0 & 0 & 0 & 0 \\ 0 & 0 & 0 & 0 \\ 0 & 0 & 0 & 0 \\ 0 & 0 & 0 & 0 \end{vmatrix}=0 \qquad D_2=\begin{vmatrix} 0 & 0 & 0 & 0 \\ 0 & 0 & 0 & 0 \\ 0 & 0 & 0 & 0 \\ 0 & 0 & 0 & 0 \end{vmatrix}=0$$

$$D_3=\begin{vmatrix} 0 & 0 & 0 & 0 \\ 0 & 0 & 0 & 0 \\ 0 & 0 & 0 & 0 \\ 0 & 0 & 0 & 0 \end{vmatrix}=0 \qquad D_4=\begin{vmatrix} 0 & 0 & 0 & 0 \\ 0 & 0 & 0 & 0 \\ 0 & 0 & 0 & 0 \\ 0 & 0 & 0 & 0 \end{vmatrix}=0$$

则

$$a_1=\frac{D_1}{D}=0, \quad a_2=\frac{D_2}{D}=0$$

$$a_3=\frac{D_3}{D}=0, \quad a_4=\frac{D_4}{D}=0$$

2 矩阵及其运算

矩阵是线性代数的核心，矩阵的概念、运算及理论贯穿线性代数的始终。本章最后在矩阵分块中提炼出“左列式”、“右列式”、“大左列式”和“大右列式”的概念，它们在后面的内容中将发挥重要作用。本章配有适量的课堂练习，每个课堂练习都有 10 套题，供读者课上和课下练习。

2.1 矩 阵

定义 2-1 称 m 行、n 列的数表

$$\begin{matrix} a_{11} & a_{12} & \cdots & a_{1n} \\ a_{21} & a_{22} & \cdots & a_{2n} \\ \cdots & \cdots & \cdots & \cdots \\ a_{m1} & a_{m2} & \cdots & a_{mn} \end{matrix}$$

为 m×n 矩阵，或简称为矩阵；表示为

$$A=\begin{pmatrix} a_{11} & a_{12} & \cdots & a_{1n} \\ a_{21} & a_{22} & \cdots & a_{2n} \\ \cdots & \cdots & \cdots & \cdots \\ a_{m1} & a_{m2} & \cdots & a_{mn} \end{pmatrix}$$

或简记为 $A=(a_{ij})_{m\times n}$ 或 $A=(a_{ij})$ 或 $A_{m\times n}$；其中 a_{ij} 表示 A 中第 i 行，第 j 列的元素。

注：第 1 章中行列式为按行列式的运算规则所得到的一个数，而 $m\times n$ 矩阵是 $m\times n$ 个数的整体，不对这些数作行列式运算。

矩阵的应用非常广泛，例如，公司的统计报表，学生成绩登记表等，都可写出相应的矩阵。

课堂练习 2-1

某	航	空	公	司	在	A	，	B	，	C	，	D	四	城	市	之	间	开	辟	了	若
干	航	线	，	四	城	市	间	的	航	班	图	情	况	常	用	表	格	来	表	示	：

		到站			
		A	B	C	D
发站	A		✓		
	B	✓		✓	✓
	C		✓		
	D	✓		✓	

其中✓表示有航班，为了便于计算，把表中的"√"改成1，空白地方填上0，就得到一个数表：

	A	B	C	D
A	0	1	0	0
B	1	0	1	1
C	0	1	0	0
D	1	0	1	0

有些矩阵由于它们的特殊形状而获得特殊的名称，如：

(1)N阶方阵：$n\times n$ 矩阵。

(2)行矩阵：$1\times n$ 矩阵(以后又可叫做行向量)，记为

$$\boldsymbol{A}=(a_1,a_2,\cdots,a_n)$$

(3)列矩阵：$m\times 1$ 矩阵(以后又可叫做列向量)，记为

$$\boldsymbol{B}=\begin{pmatrix} b_1 \\ b_2 \\ \vdots \\ b_m \end{pmatrix}$$

(4)零矩阵：所有元素为 0 的矩阵，记为 $\boldsymbol{O}$。

(5)对角阵：对角线元素为 $\lambda_1,\lambda_2,\cdots,\lambda_n$，其余元素为 0 的方阵，记为

$$\boldsymbol{\varLambda}=\begin{pmatrix} \lambda_1 & & & \\ & \lambda_2 & & \\ & & \ddots & \\ & & & \lambda_n \end{pmatrix}=\mathrm{diag}(\lambda_1,\lambda_2,\cdots,\lambda_n)$$

(6)单位阵：对角线元素为 1，其余元素为 0 的方阵，记为

$$\boldsymbol{E}=\begin{pmatrix} 1 & & & \\ & 1 & & \\ & & \ddots & \\ & & & 1 \end{pmatrix}$$

定义 2-2 设变量 $y_1,y_2,\cdots,y_n$ 能用变量 $x_1,x_2,\cdots,x_n$ 线性表示，即

$$\begin{cases} y_1 = a_{11}x_1 + a_{12}x_2 + \cdots + a_{1n}x_n \\ y_2 = a_{21}x_1 + a_{22}x_2 + \cdots + a_{2n}x_n \\ \qquad \vdots \\ y_m = a_{m1}x_1 + a_{m2}x_2 + \cdots + a_{mn}x_n \end{cases}$$

这里 $a_{ij}\left(i=1,2,\cdots,m; j=1,2,\cdots,n\right)$ 为常数。这种从变量 $x_1, x_2, ..., x_n$ 到变量 $y_1, y_2, ..., y_n$ 的变换称为线性变换，上式的系数可构成一个 $m \times n$ 矩阵

$$\boldsymbol{A} = \begin{pmatrix} a_{11} & a_{12} & \cdots & a_{1n} \\ a_{21} & a_{22} & \cdots & a_{2n} \\ \cdots & \cdots & \cdots & \cdots \\ a_{m1} & a_{m2} & \cdots & a_{mn} \end{pmatrix}$$

称之为线性变换的系数矩阵。

显然，线性变换和系数矩阵是一一对应的。

课堂练习 2-2

线	性	变	换										
				{	y_1	=	1	x_1					
					y_2	=	-8	x_2					
					y_3	=	1	x_3					
					y_4	=	-6	x_4					
					y_5	=	-8	x_5					
对	应	5	阶	对	角	矩	阵	为					
									1	0	0	0	0
									0	-8	0	0	0
									0	0	1	0	0
									0	0	0	-6	0
									0	0	0	0	-8

课堂练习 2-3

线	性	变	换																	
				{	y_1	=	7	x_1	+	7	x_2	+	6	x_3	+	1	x_4	+	4	x_5
					y_2	=	-9	x_1	+	5	x_2	+	5	x_3	+	1	x_4	+	8	x_5
					y_3	=	7	x_1	+	3	x_2	+	8	x_3	−	4	x_4	+	7	x_5
					y_4	=	3	x_1	+	7	x_2	+	9	x_3	+	7	x_4	+	8	x_5
					y_5	=	2	x_1	+	3	x_2	+	2	x_3	+	4	x_4	−	2	x_5

对	应	5	阶	对	角	矩	阵	为	
						7	7	6	1	4
						-9	5	5	1	8
						7	3	8	-4	7
						3	7	9	7	8
						2	3	2	4	-2

例如，直角坐标系的旋转变换(变量(x,y)到变量(x', y')的变换,见图 2-1)。

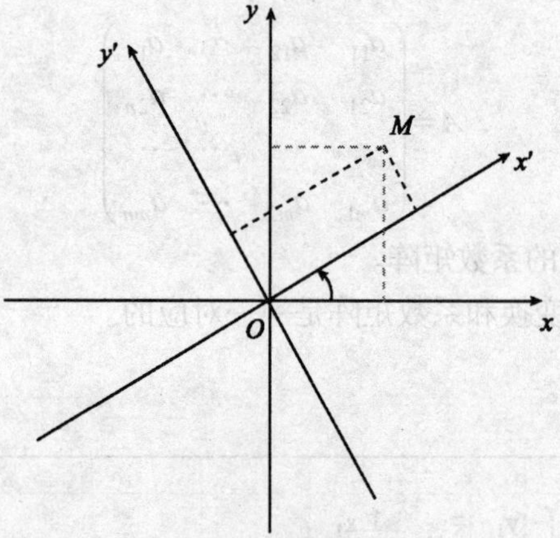

图 2-1　坐标系变换

$$\begin{cases} x' = \cos\theta x + \sin\theta y \\ y' = -\sin\theta x + \cos\theta y \end{cases},$$

的系数矩阵为

$$\boldsymbol{A} = \begin{pmatrix} \cos\theta & \sin\theta \\ -\sin\theta & \cos\theta \end{pmatrix}$$

课堂练习 2-4

矩	阵								
		cos	4.5788	-sin	4.5788				
		sin	4.5788	cos	4.5788				
对	应	的	旋	转	变	换	为		
							x_1	=	-0.133	x	+	0.9911	y
							y_1	=	-0.991	x	−	0.1332	y

例如，恒等变换

$$\begin{cases} y_1 = x_1 \\ y_2 = x_2 \\ \vdots \\ y_n = x_n \end{cases}$$

的系数矩阵为

$$\boldsymbol{E} = \begin{pmatrix} 1 & & & \\ & 1 & & \\ & & \ddots & \\ & & & 1 \end{pmatrix}$$

同样，齐次线性方程组

$$\begin{cases} a_{11}x_1 + a_{12}x_2 + \cdots + a_{1n}x_n = 0 \\ a_{21}x_1 + a_{22}x_2 + \cdots + a_{2n}x_n = 0 \\ \vdots \\ a_{m1}x_1 + a_{m2}x_2 + \cdots + a_{mn}x_n = 0 \end{cases}$$

与系数矩阵

$$\boldsymbol{A} = \begin{pmatrix} a_{11} & a_{12} & \cdots & a_{1n} \\ a_{21} & a_{22} & \cdots & a_{2n} \\ \cdots & \cdots & \cdots & \cdots \\ a_{m1} & a_{m2} & \cdots & a_{mn} \end{pmatrix}$$

也是一一对应的。

非齐次线性方程组

$$\begin{cases} a_{11}x_1 + a_{12}x_2 + \cdots + a_{1n}x_n = b_1 \\ a_{21}x_1 + a_{22}x_2 + \cdots + a_{2n}x_n = b_2 \\ \vdots \\ a_{m1}x_1 + a_{m2}x_2 + \cdots + a_{mn}x_n = b_m \end{cases}$$

与增广矩阵

$$\boldsymbol{B} = \begin{pmatrix} a_{11} & a_{12} & \cdots & a_{1n} & b_1 \\ a_{21} & a_{22} & \cdots & a_{2n} & b_2 \\ \cdots & \cdots & \cdots & \cdots & \cdots \\ a_{m1} & a_{m2} & \cdots & a_{mn} & b_m \end{pmatrix}$$

也是一一对应的。

2.2 矩阵的运算

定义 2-3 设 $\boldsymbol{A}=(a_{ij})_{m\times n}$，$\boldsymbol{B}=(b_{ij})_{m\times n}$ 都是 $m\times n$ 矩阵，当

$$a_{ij}=b_{ij}\quad(i=1,2,\cdots,m;j=1,2,\cdots,n)$$

则称矩阵 $\boldsymbol{A}$ 与 $\boldsymbol{B}$ 相等，记成 $\boldsymbol{A}=\boldsymbol{B}$。

课堂练习 2-5

设													
		A	=	$\begin{pmatrix}7 & 8 & 8\\2 & 7 & 3\end{pmatrix}$			，	B	=	$\begin{pmatrix}7 & x & 8\\y & 7 & z\end{pmatrix}$			
已	知	A	=	B	，	求	x	，	y	，	z	。	
解	：	∵	A	=	B								
		∴	x	=	8	，	y	=	2	，	z	=	3。

定义 2-4 设 $\boldsymbol{A}=(a_{ij})_{m\times n}$，$\boldsymbol{B}=(b_{ij})_{m\times n}$ 都是 $m\times n$ 矩阵，则 $\boldsymbol{A}+\boldsymbol{B}$ 定义为

$$\boldsymbol{A}+\boldsymbol{B}=\begin{pmatrix}a_{11}+b_{11} & a_{12}+b_{12} & \dots & a_{1n}+b_{1n}\\ a_{21}+b_{21} & a_{22}+b_{22} & \dots & a_{2n}+b_{2n}\\ \dots & \dots & \dots & \dots\\ a_{m1}+b_{m1} & a_{m2}+b_{m2} & \dots & a_{mn}+b_{mn}\end{pmatrix}$$

$-\boldsymbol{A}$ 定义为 $(-a_{ij})_{m\times n}$，即

$$-\boldsymbol{A}=\begin{pmatrix}-a_{11} & -a_{12} & \dots & -a_{1n}\\ -a_{21} & -a_{22} & \dots & -a_{2n}\\ \dots & \dots & \dots & \dots\\ -a_{m1} & -a_{m2} & \dots & -a_{mn}\end{pmatrix}$$

$\boldsymbol{A}-\boldsymbol{B}$ 定义为 $\boldsymbol{A}+(-\boldsymbol{B})$，即

$$\boldsymbol{A}-\boldsymbol{B}=\begin{pmatrix}a_{11}-b_{11} & a_{12}-b_{12} & \dots & a_{1n}-b_{1n}\\ a_{21}-b_{21} & a_{22}-b_{22} & \dots & a_{2n}-b_{2n}\\ \dots & \dots & \dots & \dots\\ a_{m1}-b_{m1} & a_{m2}-b_{m2} & \dots & a_{mn}-b_{mn}\end{pmatrix}$$

显然，(1) $\boldsymbol{A}+\boldsymbol{B}=\boldsymbol{B}+\boldsymbol{A}$；

(2) $(\boldsymbol{A}+\boldsymbol{B})+\boldsymbol{C}=\boldsymbol{A}+(\boldsymbol{B}+\boldsymbol{C})$。

课堂练习 2-6

设 A = $\begin{pmatrix} 1 & 3 & -1 \\ 2 & -2 & -1 \\ 0 & 1 & 2 \end{pmatrix}$，B = $\begin{pmatrix} 2 & -4 & 3 \\ 2 & 4 & -2 \\ 4 & 0 & 3 \end{pmatrix}$，

计算 A + B 及 A - B。

解：

A + B = $\begin{pmatrix} 3 & -1 & 2 \\ 4 & 2 & -3 \\ 4 & 1 & 5 \end{pmatrix}$，A - B = $\begin{pmatrix} -1 & 7 & -4 \\ 0 & -6 & 1 \\ -4 & 1 & -1 \end{pmatrix}$

注：在单元格 g9 中键入“=d5-j5”，然后选中单元格 g9 下拉两行，再选中单元格 g9 至 g11 右拉两列，这样就得到了 A + B 的结果，读者可以用类似的方法得到 A - B 的结果。

定义 2-5 设λ是数，$\boldsymbol{A}=(a_{ij})_{m\times n}$ 是 $m\times n$ 矩阵，一个数λ乘以一个矩阵 $\boldsymbol{A}=(a_{ij})_{m\times n}$ 定义为

$$\lambda\boldsymbol{A}=\begin{pmatrix} \lambda a_{11} & \lambda a_{12} & \cdots & \lambda a_{1n} \\ \lambda a_{21} & \lambda a_{22} & \cdots & \lambda a_{2n} \\ \cdots & \cdots & \cdots & \cdots \\ \lambda a_{m1} & \lambda a_{m2} & \cdots & \lambda a_{mn} \end{pmatrix}$$

一个矩阵 $\boldsymbol{A}=(a_{ij})_{m\times n}$ 乘以一个数λ也可以定义为上式。显然：

(1) $(\lambda\mu)\boldsymbol{A}=\lambda(\mu\boldsymbol{A})$；

(2) $(\lambda+\mu)\boldsymbol{A}=\lambda\boldsymbol{A}+\mu\boldsymbol{A}$；

(3) $\lambda(\boldsymbol{A}+\boldsymbol{B})=\lambda\boldsymbol{A}+\lambda\boldsymbol{B}$。

矩阵与矩阵的乘法运算比较复杂，首先看一个例子，设变量 t_1,t_2 到变量 x_1,x_2,x_3 的线性变换为

$$\begin{cases} x_1=b_{11}t_1+b_{12}t_2 \\ x_2=b_{21}t_1+b_{22}t_2 \\ x_3=b_{31}t_1+b_{32}t_2 \end{cases}$$

变量 x_1,x_2,x_3 到变量 y_1,y_2 的线性变换为

$$\begin{cases} y_1=a_{11}x_1+a_{12}x_2+a_{13}x_3 \\ y_2=a_{21}x_1+a_{22}x_2+a_{23}x_3 \end{cases}$$

那么，变量 t_1,t_2 到变量 y_1,y_2 的线性变换应为

$$\begin{cases} y_1 = a_{11}(b_{11}t_1 + b_{12}t_2) + a_{12}(b_{21}t_1 + b_{22}t_2) + a_{13}(b_{31}t_1 + b_{32}t_2) \\ y_2 = a_{21}(b_{11}t_1 + b_{12}t_2) + a_{22}(b_{21}t_1 + b_{22}t_2) + a_{23}(b_{31}t_1 + b_{32}t_2) \end{cases}$$

即

$$\begin{cases} y_1 = (a_{11}b_{11} + a_{12}b_{21} + a_{13}b_{31})t_1 + (a_{11}b_{12} + a_{12}b_{22} + a_{13}b_{32})t_2 \\ y_2 = (a_{21}b_{11} + a_{22}b_{21} + a_{23}b_{31})t_1 + (a_{21}b_{12} + a_{22}b_{22} + a_{23}b_{32})t_2 \end{cases}$$

定义矩阵 $\begin{pmatrix} a_{11} & a_{12} & a_{13} \\ a_{21} & a_{22} & a_{23} \end{pmatrix}$ 和 $\begin{pmatrix} b_{11} & b_{12} \\ b_{21} & b_{22} \\ b_{31} & b_{32} \end{pmatrix}$ 的乘积为

$$\begin{pmatrix} a_{11}b_{11} + a_{12}b_{21} + a_{13}b_{31} & a_{11}b_{12} + a_{12}b_{22} + a_{13}b_{32} \\ a_{21}b_{11} + a_{22}b_{21} + a_{23}b_{31} & a_{21}b_{12} + a_{22}b_{22} + a_{23}b_{32} \end{pmatrix} = \begin{pmatrix} a_{11} & a_{12} & a_{13} \\ a_{21} & a_{22} & a_{23} \end{pmatrix} \begin{pmatrix} b_{11} & b_{12} \\ b_{21} & b_{22} \\ b_{31} & b_{32} \end{pmatrix}$$

按以上方式定义的乘法具有实际意义。由此推广得到一般定义。

定义 2-6 设 $\boldsymbol{A} = (a_{ij})_{m\times s}$，$\boldsymbol{B} = (b_{ij})_{s\times n}$，则矩阵 $\boldsymbol{A}$ 与矩阵 $\boldsymbol{B}$ 的乘法定义为 $\boldsymbol{AB}=\boldsymbol{C}$, 其中 $\boldsymbol{C} = (a_{ij})_{m\times n}$

$$c_{ij} = a_{i1}b_{1j} + a_{i2}b_{2j} + \cdots + a_{i5}b_{5j} = \sum_{k=1}^{5} a_{ik}b_{kj} \quad \begin{pmatrix} i = 1,2,\cdots,m \\ j = 1,2,\cdots,n \end{pmatrix}$$

注: 两个矩阵相乘要求前一个矩阵的列数等于后一个矩阵的行数; 乘积矩阵的行数为前一个矩阵的行数, 列数为后一个矩阵的列数; 乘积矩阵的第 i 行, 第 j 列元素为前一个矩阵的第 i 行元素与后一个矩阵的第 j 行元素对应相乘再相加。若 $\boldsymbol{A}_{m\times s}, \boldsymbol{B}_{s\times n}$，则 $\boldsymbol{A}_{m\times s}\boldsymbol{B}_{s\times n}$ 成立, 当 $m\neq n$ 时, $\boldsymbol{B}_{s\times n}\boldsymbol{A}_{m\times s}$ 不成立, 即使 $\boldsymbol{A}_{m\times n}, \boldsymbol{B}_{n\times m}$, 则 $\boldsymbol{A}_{m\times n}\boldsymbol{B}_{n\times m}$ 是 m 阶方阵, 而 $\boldsymbol{B}_{n\times m}\boldsymbol{A}_{m\times n}$ 是 n 阶方阵。

课堂练习 2-7

求矩阵 $A = \begin{pmatrix} -2 & -4 \\ 1 & 2 \end{pmatrix}$ 与 $B = \begin{pmatrix} -1 & -2 \\ 2 & 4 \end{pmatrix}$ 的乘积AB及BA。

解：$AB = \begin{pmatrix} -6 & -12 \\ 3 & 6 \end{pmatrix}$，$BA = \begin{pmatrix} 0 & 0 \\ 0 & 0 \end{pmatrix}$

综上所述, 一般 $\boldsymbol{AB}\neq\boldsymbol{BA}$ (即矩阵乘法不满足交换率)。

但是下列性质显然成立:

(1) $(\boldsymbol{AB})\boldsymbol{C}=\boldsymbol{A}(\boldsymbol{BC})$;

(2) $\lambda(\boldsymbol{AB})=(\lambda\boldsymbol{A})\boldsymbol{B}=\boldsymbol{A}(\lambda\boldsymbol{B})$;

(3) $\boldsymbol{A}(\boldsymbol{B}+\boldsymbol{C})=\boldsymbol{AB}+\boldsymbol{AC}$，$(\boldsymbol{B}+\boldsymbol{C})\boldsymbol{A}=\boldsymbol{BA}+\boldsymbol{CA}$。

几个特殊矩阵相乘的运算结果如下:

$$(a_1,a_2,\cdots,a_n)\begin{pmatrix}b_1\\b_2\\\vdots\\b_n\end{pmatrix}=a_1b_1+a_2b_2+\cdots+a_nb_n$$

$$\begin{pmatrix}a_1\\a_2\\\vdots\\a_m\end{pmatrix}(b_1,b_2,\cdots,b_n)=\begin{pmatrix}a_1b_1&a_1b_2&\cdots&a_1b_n\\a_2b_1&a_2b_2&\cdots&a_2b_n\\\cdots&\cdots&\cdots&\cdots\\a_mb_1&a_mb_2&\cdots&a_mb_n\end{pmatrix}$$

若 $\boldsymbol{A}$ 为 $m\times n$ 矩阵, $\boldsymbol{E}$ 是 m 阶单位阵, 则 $\boldsymbol{EA}=\boldsymbol{A}$; 若 $\boldsymbol{E}$ 是 n 阶单位阵, 则 $\boldsymbol{AE}=\boldsymbol{A}$。

若

$$\boldsymbol{A}=\begin{pmatrix}a_{11}&a_{12}&\cdots&a_{1n}\\a_{21}&a_{22}&\cdots&a_{2n}\\\cdots&\cdots&\cdots&\cdots\\a_{m1}&a_{m2}&\cdots&a_{mn}\end{pmatrix},\boldsymbol{x}=\begin{pmatrix}x_1\\x_2\\\vdots\\x_n\end{pmatrix},\boldsymbol{y}=\begin{pmatrix}y_1\\y_2\\\vdots\\y_m\end{pmatrix}$$

则 $\boldsymbol{y}=\boldsymbol{Ax}$ 就是下面的线性变换:

$$\begin{cases}y_1=a_{11}x_1+a_{12}x_2+\cdots+a_{1n}x_n\\y_2=a_{21}x_1+a_{22}x_2+\cdots+a_{2n}x_n\\\qquad\vdots\\y_m=a_{m1}x_1+a_{m2}x_2+\cdots+a_{mn}x_n\end{cases}$$

若

$$\boldsymbol{A}=\begin{pmatrix}a_{11}&a_{12}&\cdots&a_{1n}\\a_{21}&a_{22}&\cdots&a_{2n}\\\cdots&\cdots&\cdots&\cdots\\a_{m1}&a_{m2}&\cdots&a_{mn}\end{pmatrix},\boldsymbol{x}=\begin{pmatrix}x_1\\x_2\\\vdots\\x_n\end{pmatrix},\boldsymbol{b}=\begin{pmatrix}b_1\\b_2\\\vdots\\b_m\end{pmatrix}$$

则 $\boldsymbol{Ax}=\boldsymbol{b}$ 就是下面的线性方程组

$$\begin{cases} a_{11}x_1 + a_{12}x_2 + \cdots + a_{1n}x_n = b_1 \\ a_{21}x_1 + a_{22}x_2 + \cdots + a_{2n}x_n = b_2 \\ \qquad \vdots \\ a_{m1}x_1 + a_{m2}x_2 + \cdots + a_{mn}x_n = b_m \end{cases}$$

定义 2-7 $\boldsymbol{A}^2=\boldsymbol{AA}, \boldsymbol{A}^3=\boldsymbol{AA}^2,\cdots, \boldsymbol{A}^n=\boldsymbol{AA}^{n-1}$。$\boldsymbol{A}^n$ 称未矩阵 $\boldsymbol{A}$ 的 n 次幂。

定义 2-8 设

$$\boldsymbol{A}=\begin{pmatrix} a_{11} & a_{12} & \cdots & a_{1n} \\ a_{21} & a_{22} & \cdots & a_{2n} \\ \cdots & \cdots & \cdots & \cdots \\ a_{m1} & a_{m2} & \cdots & a_{mn} \end{pmatrix}$$

记

$$\boldsymbol{A}^{\mathrm{T}}=\begin{pmatrix} a_{11} & a_{21} & \cdots & a_{m1} \\ a_{12} & a_{22} & \cdots & a_{m2} \\ \cdots & \cdots & \cdots & \cdots \\ a_{1n} & a_{2n} & \cdots & a_{mn} \end{pmatrix}$$

则称 $\boldsymbol{A}^{\mathrm{T}}$ 是 $\boldsymbol{A}$ 的转置矩阵。

显然, (1) $(\boldsymbol{A}^{\mathrm{T}})^{\mathrm{T}}=\boldsymbol{A}$;

(2) $(\boldsymbol{A}+\boldsymbol{B})^{\mathrm{T}}=\boldsymbol{A}^{\mathrm{T}}+\boldsymbol{B}^{\mathrm{T}}$;

(3) $(\lambda\boldsymbol{A})^{\mathrm{T}}=\lambda\boldsymbol{A}^{\mathrm{T}}$;

(4) $(\boldsymbol{AB})^{\mathrm{T}}=\boldsymbol{B}^{\mathrm{T}}\boldsymbol{A}^{\mathrm{T}}$。

定义 2-9 对称矩阵的定义: 若矩阵 $\boldsymbol{A}$ 满足 $\boldsymbol{A}^{\mathrm{T}}=\boldsymbol{A}$(即 $a_{ij}=a_{ji}$), 则称 $\boldsymbol{A}$ 是对称阵。

例 2-1 设 $\boldsymbol{A}$ 是 $m\times n$ 矩阵, 证明 $\boldsymbol{A}^{\mathrm{T}}\boldsymbol{A}$ 是 n 阶对称阵, $\boldsymbol{AA}^{\mathrm{T}}$ 是 m 阶对称阵。

例 2-2 设 $\boldsymbol{x}=(x_1,x_2,\cdots,x_n)^{\mathrm{T}}$, 且 $x^{\mathrm{T}}x=1$, $\boldsymbol{E}$ 为 n 阶单位阵, $\boldsymbol{H}=\boldsymbol{E}-2\boldsymbol{xx}^{\mathrm{T}}$, 证明: (1)$\boldsymbol{H}$ 是对称阵, (2)$\boldsymbol{H}^2=\boldsymbol{E}$。

证明: $\boldsymbol{H}^{\mathrm{T}}=(\boldsymbol{E}-2\boldsymbol{xx}^{\mathrm{T}})^{\mathrm{T}}=\boldsymbol{E}^{\mathrm{T}}-2(\boldsymbol{xx}^{\mathrm{T}})^{\mathrm{T}}=\boldsymbol{E}-2\boldsymbol{xx}^{\mathrm{T}}=\boldsymbol{H}$, 故 $\boldsymbol{H}$ 是对称阵。

$$\begin{aligned}\boldsymbol{H}^2 &= (\boldsymbol{E}-2\boldsymbol{xx}^{\mathrm{T}})^2 = \boldsymbol{E}-4\boldsymbol{xx}^{\mathrm{T}}+4\boldsymbol{xx}^{\mathrm{T}}\boldsymbol{xx}^{\mathrm{T}} \\ &= \boldsymbol{E}-4\boldsymbol{xx}^{\mathrm{T}}+4\boldsymbol{x}(\boldsymbol{x}^{\mathrm{T}}\boldsymbol{x})\boldsymbol{x}^{\mathrm{T}} = \boldsymbol{E}-4\boldsymbol{xx}^{\mathrm{T}}+4\boldsymbol{xx}^{\mathrm{T}} = \boldsymbol{E}\end{aligned}$$

证毕。

课堂练习 2-8

已知

$$A=\begin{pmatrix}6&7&0\\2&-7&7\end{pmatrix},\quad B=\begin{pmatrix}6&-4&0\\-3&-6&-8\\-7&-4&6\end{pmatrix}$$

求 $(AB)^T$

解法1：因为

$$AB=\begin{pmatrix}6&7&0\\2&-7&7\end{pmatrix}\begin{pmatrix}6&-4&0\\-3&-6&-8\\-7&-4&6\end{pmatrix}=\begin{pmatrix}15&-66&-56\\-16&6&98\end{pmatrix}$$

所以

$$(AB)^T=\begin{pmatrix}15&-16\\-66&6\\-56&98\end{pmatrix}$$

解法2：

$$(AB)^T=B^TA^T=\begin{pmatrix}6&-3&-7\\-4&-6&-4\\0&-8&6\end{pmatrix}\begin{pmatrix}6&2\\7&-7\\0&7\end{pmatrix}=\begin{pmatrix}15&-16\\-66&6\\-56&98\end{pmatrix}$$

定义 2-10 $\boldsymbol{A}$ 为 n 阶方阵，其元素构成的 n 阶行列式称为方阵的行列式，记为$|\boldsymbol{A}|$或 $\det\boldsymbol{A}$ 。

显然，(1) $|\boldsymbol{A}^T|=|\boldsymbol{A}|$；

(2) $|\lambda\boldsymbol{A}|=\lambda^n|\boldsymbol{A}|$；

(3) $|\boldsymbol{AB}|=|\boldsymbol{A}||\boldsymbol{B}|$。

定义 2-11 设

$$\boldsymbol{A}=\begin{pmatrix}a_{11}&a_{12}&\cdots&a_{1n}\\a_{21}&a_{22}&\cdots&a_{2n}\\\cdots&\cdots&\cdots&\cdots\\a_{m1}&a_{m2}&\cdots&a_{mn}\end{pmatrix}$$

记

$$\boldsymbol{A}^*=\begin{pmatrix}A_{11}&A_{21}&\cdots&A_{n1}\\A_{12}&A_{22}&\cdots&A_{n2}\\\cdots&\cdots&\cdots&\cdots\\A_{1n}&A_{2n}&\cdots&A_{nn}\end{pmatrix}$$

式中，A_{ij} 是 a_{ij} 的代数余子式，$\boldsymbol{A}^*$称为 $\boldsymbol{A}$ 的伴随阵。

例 2-3 证明：$\boldsymbol{AA}^*=\boldsymbol{A}^*\boldsymbol{A}=|\boldsymbol{A}|\boldsymbol{E}$ 。

证明：设 $\boldsymbol{AA}^*=\boldsymbol{C}=(c_{ij})$

$$c_{ij}=a_{i1}A_{j1}+a_{i2}A_{j2}+\cdots+a_{in}A_{jn}=\sum_{k=1}^{n}a_{ik}A_{jk}=|\boldsymbol{A}|\delta_{ij}$$

$$\boldsymbol{AA}^*=\boldsymbol{C}=(c_{ij})=(|\boldsymbol{A}|\delta_{ij})=|\boldsymbol{A}|(\delta_{ij})=|\boldsymbol{A}|\boldsymbol{E}$$

设 $\boldsymbol{A}^*\boldsymbol{A}=\boldsymbol{D}=\left(d_{ij}\right)$

$$d_{ij}=A_{1i}a_{1j}+A_{2i}a_{2j}+\cdots+A_{ni}a_{nj}=\sum_{k=1}^{n}A_{ki}a_{kj}=\sum_{k=1}^{n}a_{kj}A_{ki}=|\boldsymbol{A}|\delta_{ji}$$

$$\boldsymbol{A}^*\boldsymbol{A}=\boldsymbol{D}(d_{ij})=(|\boldsymbol{A}|\delta_{ji})=|\boldsymbol{A}|(\delta_{ji})=|\boldsymbol{A}|\boldsymbol{E}$$

证毕。

例 2-4 设 $\boldsymbol{A}$ 为 $n(n>2)$阶实方阵，且 $\boldsymbol{A}\neq 0$，$a_{ij}=A_{ij}$，求$|\boldsymbol{A}|$ 。

解：注意到

$$\boldsymbol{A}^*=\begin{pmatrix}A_{11} & A_{21} & \cdots & A_{n1}\\ A_{12} & A_{22} & \cdots & A_{n2}\\ \cdots & \cdots & \cdots & \cdots\\ A_{1n} & A_{2n} & \cdots & A_{nn}\end{pmatrix}=\begin{pmatrix}a_{11} & a_{21} & \cdots & a_{m1}\\ a_{12} & a_{22} & \cdots & a_{m2}\\ \cdots & \cdots & \cdots & \cdots\\ a_{1n} & a_{2n} & \cdots & a_{mn}\end{pmatrix}=\boldsymbol{A}^{\mathrm{T}}$$

$\therefore\ |\boldsymbol{A}^*|=|\boldsymbol{A}^{\mathrm{T}}|=|\boldsymbol{A}|$

由 $\boldsymbol{AA}^*=|\boldsymbol{A}|\boldsymbol{E}$，得 $\boldsymbol{AA}^{\mathrm{T}}=|\boldsymbol{A}|\boldsymbol{E}\Rightarrow|\boldsymbol{A}|^2=|\boldsymbol{A}|^n\Rightarrow|\boldsymbol{A}|^2(|\boldsymbol{A}|^{n-2}-1)=0$，

由于$|A|=\sum_{k=1}^{n}a_{ik}A_{ik}=\sum_{k=1}^{n}a_{ik}^2>0$，故$|\boldsymbol{A}|^{n-2}=1\Rightarrow|\boldsymbol{A}|=1$。

课堂练习 2-9

设 A = $\begin{pmatrix}-1 & -3 & -3 & 3\\ -3 & 2 & -3 & -3\\ -2 & -2 & 2 & 1\\ 0 & 3 & -3 & -1\end{pmatrix}$，求 A 的伴随矩阵 A^*。

解：A^* = $\begin{pmatrix}-1 & 6 & 48 & 27\\ 15 & 23 & -42 & -66\\ 17 & 11 & -25 & -7\\ -6 & 36 & -51 & -64\end{pmatrix}$

课堂练习 2-10

设 A = $\begin{pmatrix}-3 & -1 & 0 & -1\\ 1 & 0 & -2 & 1\\ 0 & 0 & -3 & 3\\ 1 & 0 & 2 & 1\end{pmatrix}$，求 A^* 的第 1 行，第 2 列的数字。

解：A^* = $\begin{pmatrix} & -9 & & \\ & & & \\ & & & \\ & & & \end{pmatrix}$

2.3 逆 矩 阵

定义 2-12 设 A 为 n 阶方阵, 若有同阶方阵 B 使得
$$AB=BA=E$$
则称 A 是可逆的, B 为 A 的逆矩阵。

可以证明, 如果 A 是可逆的, 则 A 的逆阵是唯一的, 并记 A 的逆阵为 A^{-1}, 从而上式可写成
$$AA^{-1}=A^{-1}A=E$$

课堂练习 2-11

设	A	=	2	7	,	则	A^{-1}	=	12.8	3.5		
			-7	-26					-3.5	-1		

课堂练习 2-12

设	(	x_1	,	x_2	)	到	(	y_1	,	y_2	)	的	线	性	变	换	由	下	式	给
出																				

$$\begin{cases} y_1 = & 1 & x_1 - & 2 & x_2 \\ y_2 = & -9 & x_1 + & 20 & x_2 \end{cases}$$

	其	逆	变	换	(	y_1	,	y_2	)	到	(	x_1	,	x_2	)	的	线	性	变	换	由
下	式	给	出																		

$$\begin{cases} x_1 = & 10 & y_1 + & 1 & y_2 \\ x_2 = & 4.5 & y_1 + & 0.5 & y_2 \end{cases}$$

这是因为
$$Y=AX, \text{ 则 } A^{-1}Y=A^{-1}AX, X=A^{-1}Y$$

课堂练习 2-13

解	线	性	方	程	组							

$$\begin{cases} -1 \ x_1 - & 8 \ x_2 = & -2 \\ -8 \ x_1 - & 62 \ x_2 = & 2 \end{cases}$$

解 : $\begin{bmatrix} x_1 \\ x_2 \end{bmatrix} = \begin{bmatrix} -1 & -8 \\ -8 & -62 \end{bmatrix}^{-1} \begin{bmatrix} -2 \\ 2 \end{bmatrix} = \begin{bmatrix} 31 & -4 \\ -4 & 0.5 \end{bmatrix} \begin{bmatrix} -2 \\ 2 \end{bmatrix} = \begin{bmatrix} -70 \\ 9 \end{bmatrix}$

定理 2-1(矩阵可逆的充分必要条件) A 可逆 $\Leftrightarrow |A| \neq 0$。

证明: $\Rightarrow$ 若 A 可逆, 则存在 A^{-1}, 使得 $AA^{-1}=A^{-1}A=E$, $|A||A^{-1}|=$

$|A^{-1}||A|=1$，所以$|A|\neq 0$。

$\Leftarrow$若$|A|\neq 0$，则由 $AA^*=A^*A=|A|E$ 得 $A\left(\dfrac{1}{|A|}A^*\right)=\left(\dfrac{1}{|A|}A^*\right)A=E$ ，

故而 A 可逆。

在证明中可知

$$A^{-1}=\frac{1}{|A|}A^*=\frac{1}{|A|}\begin{pmatrix}A_{11}&A_{21}&\cdots&A_{n1}\\A_{12}&A_{22}&\cdots&A_{n2}\\\cdots&\cdots&\cdots&\cdots\\A_{1n}&A_{2n}&\cdots&A_{nn}\end{pmatrix}$$

这是 A^{-1} 的计算公式，其中 A^* 是 A 的伴随阵，A_{ij} 是 a_{ij} 的代数余子式。

推论 A,B 是 n 阶方阵，$AB=E$，则 $B=A^{-1}$。

例 2-5 $A=\begin{pmatrix}a&b\\c&d\end{pmatrix}, ad-bc\neq 0$，求 A^{-1} 。

解：

$$|A|=ad-bc$$

$$A_{11}=d, A_{21}=-b, A_{12}=-c, A_{22}=a$$

$$A^{-1}=\frac{1}{|A|}\begin{pmatrix}A_{11}&A_{21}\\A_{12}&A_{22}\end{pmatrix}=\frac{1}{ad-bc}\begin{pmatrix}d&-b\\-c&a\end{pmatrix}$$

课堂练习 2-14

设 $A=\begin{pmatrix}1&1&1\\4&5&4\\3&6&5\end{pmatrix}$，求 A^{-1}

解：

$$|A|=\begin{vmatrix}1&1&1\\4&5&4\\3&6&5\end{vmatrix}=2$$

$$A_{11}=\begin{vmatrix}5&4\\6&5\end{vmatrix}=1\qquad A_{21}=-\begin{vmatrix}1&1\\6&5\end{vmatrix}=1\qquad A_{31}=\begin{vmatrix}1&1\\5&4\end{vmatrix}=-1$$

$$A_{12}=-\begin{vmatrix}4&4\\3&5\end{vmatrix}=-8\qquad A_{22}=\begin{vmatrix}1&1\\3&5\end{vmatrix}=2\qquad A_{32}=-\begin{vmatrix}1&1\\4&4\end{vmatrix}=0$$

$$A_{13}=\begin{vmatrix}4&5\\3&6\end{vmatrix}=9\qquad A_{23}=-\begin{vmatrix}1&1\\3&6\end{vmatrix}=-3\qquad A_{33}=\begin{vmatrix}1&1\\4&5\end{vmatrix}=1$$

$$A^{-1}=|A|^{-1}A^*=0.5\begin{pmatrix}A_{11}&A_{21}&A_{31}\\A_{12}&A_{22}&A_{32}\\A_{13}&A_{23}&A_{33}\end{pmatrix}=0.5\begin{pmatrix}1&1&-1\\-8&2&0\\9&-3&1\end{pmatrix}$$

可逆阵的性质:

(1) $\boldsymbol{A}$ 可逆$\Rightarrow \boldsymbol{A}^{-1}$ 可逆，且 $(\boldsymbol{A}^{-1})^{-1}=\boldsymbol{A}$；

(2) $\boldsymbol{A}$ 可逆，$\lambda\neq 0 \Rightarrow \lambda\boldsymbol{A}$ 可逆，且 $(\lambda\boldsymbol{A})^{-1}=\dfrac{1}{\lambda}\boldsymbol{A}^{-1}$；

(3) $\boldsymbol{A},\boldsymbol{B}$ 可逆，且同阶$\Rightarrow \boldsymbol{AB}$ 可逆，且 $(\boldsymbol{AB})^{-1}=\boldsymbol{B}^{-1}\boldsymbol{A}^{-1}$；

(4) $\boldsymbol{A}$ 可逆$\Rightarrow \boldsymbol{A}^{\mathrm{T}}$ 可逆，且 $\left(\boldsymbol{A}^{\mathrm{T}}\right)^{-1}=\left(\boldsymbol{A}^{-1}\right)^{\mathrm{T}}$ 。

设 $\boldsymbol{A}$ 可逆，规定 $\boldsymbol{A}^0=\boldsymbol{E}$，$\boldsymbol{A}^{-k}=\left(\boldsymbol{A}^{-1}\right)^k$ 。

课堂练习 2-15

设 $A=\begin{pmatrix}1&1&1\\-4&-3&-4\\3&6&5\end{pmatrix}$，$B=\begin{pmatrix}1&1\\5&6\end{pmatrix}$，$C=\begin{pmatrix}0&3\\-9&8\\8&-2\end{pmatrix}$

求矩阵 X 使其满足

$$AXB=C$$

解：若 A^{-1}，B^{-1} 存在，则用 A^{-1} 左乘上式，B^{-1} 右乘上式，有

$$A^{-1}AXBB^{-1}=A^{-1}CB^{-1}$$

即

$$X=A^{-1}CB^{-1}$$

因

$$A^{-1}=\begin{pmatrix}4.5&0.5&-1\\4&1&0\\-8&-2&0.5\end{pmatrix},\quad B^{-1}=\begin{pmatrix}6&-1\\-5&1\end{pmatrix},$$

于是

$$X=A^{-1}CB^{-1}=\begin{pmatrix}4.5&0.5&-1\\4&1&0\\-8&-2&0.5\end{pmatrix}\begin{pmatrix}0&3\\-9&8\\8&-2\end{pmatrix}\begin{pmatrix}6&-1\\-5&1\end{pmatrix}=\begin{pmatrix}-9&19\\-9&20\\18&-36\end{pmatrix}\begin{pmatrix}6&-1\\-5&1\end{pmatrix}$$

$$=\begin{pmatrix}-143.5&27\\-154&29\\283&-53\end{pmatrix}$$

课堂练习 2-16

设方阵 A 满足 $A^2+13A+35E=\mathbf{0}$，证明 $A+4E$ 可逆，并求 $(A+4E)^{-1}$。

证明：因

$$(A+4E)(A+9E)$$

$$=A^2+13A+35E+1E$$

$$=1E$$

所以 $A+4E$ 可逆，并且

$$(A+4E)^{-1}=(A+9E)$$

课堂练习 2-17

设 $P=\begin{pmatrix}1 & -9\\ -1 & 10\end{pmatrix}$，$\Lambda=\begin{pmatrix}-1 & 0\\ 0 & -1\end{pmatrix}$，$AP=P\Lambda$，求 A^{2897}。

解：因 $|P|=1$，所以 P 可逆，且

$$P^{-1}=\begin{pmatrix}10 & 9\\ 1 & 1\end{pmatrix},$$

又因 $A=P\Lambda P^{-1}$，

所以 $A^2=P\Lambda P^{-1}P\Lambda P^{-1}=P\Lambda^2P^{-1}$，…，

$$A^n=P\Lambda^nP^{-1}$$

于是

$$A^{2897}=\begin{pmatrix}1 & -9\\ -1 & 10\end{pmatrix}\begin{pmatrix}-1 & 0\\ 0 & -1\end{pmatrix}\begin{pmatrix}10 & 9\\ 1 & 1\end{pmatrix}=\begin{pmatrix}-1 & 9\\ 1 & -10\end{pmatrix}\begin{pmatrix}10 & 9\\ 1 & 1\end{pmatrix}=\begin{pmatrix}-1 & 0\\ 0 & -1\end{pmatrix}$$

课堂练习 2-18

设 $P=\begin{pmatrix}-1 & -1 & 0\\ 2 & 3 & 3\\ 0 & 2 & 0\end{pmatrix}$，$\Lambda=\begin{pmatrix}1 & 0 & 0\\ 0 & 2 & 0\\ 0 & 0 & -3\end{pmatrix}$，$AP=P\Lambda$，

求 $\Phi(A)=A^3+2A^2-3A$。

解：

$$\Phi(A)=P\Phi(\Lambda)P^{-1}=\begin{pmatrix}-1 & -1 & 0\\ 2 & 3 & 3\\ 0 & 2 & 0\end{pmatrix}\begin{pmatrix}0 & 0 & 0\\ 0 & 10 & 0\\ 0 & 0 & 0\end{pmatrix}\begin{pmatrix}-1 & 0 & -0.5\\ 0 & 0 & 0.5\\ 0.67 & 0.33 & -0.2\end{pmatrix}$$

$$=\begin{pmatrix}0 & 0 & -5\\ 0 & 0 & 15\\ 0 & 0 & 10\end{pmatrix}$$

2.4 矩阵分块法

例 2-6 设

$$\boldsymbol{A}=\begin{pmatrix}a_{11} & a_{12} & a_{13} & a_{14}\\ a_{21} & a_{22} & a_{23} & a_{24}\\ a_{31} & a_{32} & a_{33} & a_{34}\end{pmatrix}$$

可按以下方式分块，每块均为小矩阵：

$$\boldsymbol{A}_{11}=\begin{pmatrix}a_{11} & a_{12}\\ a_{21} & a_{22}\end{pmatrix},\boldsymbol{A}_{12}=\begin{pmatrix}a_{13} & a_{14}\\ a_{23} & a_{24}\end{pmatrix}$$

$$\boldsymbol{A}_{21}=(a_{31}\quad a_{32}),\boldsymbol{A}_{22}=(a_{33}\quad a_{34})$$

则

$$\boldsymbol{A}=\begin{pmatrix}\boldsymbol{A}_{11} & \boldsymbol{A}_{12}\\ \boldsymbol{A}_{21} & \boldsymbol{A}_{22}\end{pmatrix}$$

矩阵分块法是用若干条横线和若干条竖线将矩阵分割成几个小矩阵。

2.4.1 矩阵分块法的运算性质

(1) 加法:

设

$$\boldsymbol{A}=\begin{pmatrix}\boldsymbol{A}_{11} & \cdots & \boldsymbol{A}_{1y}\\ \cdots & \cdots & \cdots\\ \boldsymbol{A}_{s1} & \cdots & \boldsymbol{A}_{sy}\end{pmatrix},\boldsymbol{B}=\begin{pmatrix}\boldsymbol{B}_{11} & \cdots & \boldsymbol{B}_{1y}\\ \cdots & \cdots & \cdots\\ \boldsymbol{B}_{s1} & \cdots & \boldsymbol{B}_{sy}\end{pmatrix}$$

则

$$\boldsymbol{A}+\boldsymbol{B}=\begin{pmatrix}\boldsymbol{A}_{11}+\boldsymbol{B}_{11} & \cdots & \boldsymbol{A}_{1y}+\boldsymbol{B}_{1y}\\ \cdots & \cdots & \cdots\\ \boldsymbol{A}_{s1}+\boldsymbol{B}_{s1} & \cdots & \boldsymbol{A}_{sy}+\boldsymbol{B}_{sy}\end{pmatrix}$$

(2) 数乘:

设

$$\boldsymbol{A}=\begin{pmatrix}\boldsymbol{A}_{11} & \cdots & \boldsymbol{A}_{1y}\\ \cdots & \cdots & \cdots\\ \boldsymbol{A}_{s1} & \cdots & \boldsymbol{A}_{sy}\end{pmatrix}$$

λ是数, 则

$$\lambda\boldsymbol{A}=\begin{pmatrix}\lambda\boldsymbol{A}_{11} & \cdots & \lambda\boldsymbol{A}_{1y}\\ \cdots & \cdots & \cdots\\ \lambda\boldsymbol{A}_{s1} & \cdots & \lambda\boldsymbol{A}_{sy}\end{pmatrix}$$

(3) 乘法:

设

$$\boldsymbol{A}_{m\times l}=\begin{pmatrix}\boldsymbol{A}_{11} & \cdots & \boldsymbol{A}_{1t}\\ \cdots & \cdots & \cdots\\ \boldsymbol{A}_{s1} & \cdots & \boldsymbol{A}_{st}\end{pmatrix},\boldsymbol{B}_{l\times n}=\begin{pmatrix}\boldsymbol{B}_{11} & \cdots & \boldsymbol{B}_{1y}\\ \cdots & \cdots & \cdots\\ \boldsymbol{B}_{t1} & \cdots & \boldsymbol{B}_{ty}\end{pmatrix}$$

则

$$\boldsymbol{A}_{m\times l}\boldsymbol{B}_{l\times n}=\boldsymbol{C}_{m\times n}$$

其中

$$C=\begin{pmatrix} C_{11} & \cdots & C_{1y} \\ \cdots & \cdots & \cdots \\ C_{s1} & \cdots & B_{sy} \end{pmatrix}, C_{ij}=\sum_{k=1}^{t} A_{ik}B_{kj},\quad i=1,2,\cdots,s,\quad j=1,2,\cdots,r。$$

(4) 转置:

设

$$A=\begin{pmatrix} A_{11} & \cdots & A_{1y} \\ \cdots & \cdots & \cdots \\ A_{s1} & \cdots & A_{sy} \end{pmatrix}$$

则

$$A^{\mathrm{T}}=\begin{pmatrix} A_{11}^{\mathrm{T}} & \cdots & A_{s1}^{\mathrm{T}} \\ \cdots & \cdots & \cdots \\ A_{1y}^{\mathrm{T}} & \cdots & A_{sy}^{\mathrm{T}} \end{pmatrix}$$

(5)对角分块的性质:

设

$$A=\begin{pmatrix} A_1 & & & \\ & A_2 & & \\ & & \ddots & \\ & & & A_s \end{pmatrix}$$

式中, $A, A_1, A_2,\cdots, A_s$ 均为方阵, 则$|A|=|A_1||A_2|\cdots|A_s|$。

若 A 可逆, 则

$$A^{-1}=\begin{pmatrix} A_1^{-1} & & & \\ & A_2^{-1} & & \\ & & \ddots & \\ & & & A_s^{-1} \end{pmatrix}$$

例 2-7 设 $X=\begin{pmatrix} A & O \\ B & C \end{pmatrix}$, A、C 为可逆方阵, 求 X^{-1}。

解: 设 $X^{-1}=\begin{pmatrix} X_{11} & X_{12} \\ X_{21} & X_{22} \end{pmatrix}$, 则由 $XX^{-1}=E$, 得

$$\begin{pmatrix} A & O \\ B & C \end{pmatrix}\begin{pmatrix} X_{11} & X_{12} \\ X_{21} & X_{22} \end{pmatrix}=\begin{pmatrix} E_1 & O \\ O & E_2 \end{pmatrix}$$

其中

$$E=\begin{pmatrix} E_1 & O \\ O & E_2 \end{pmatrix}$$

按乘法规则，得

$$\begin{cases} AX_{11}=E \\ AX_{12}=O \\ BX_{11}+CX_{21}=O \\ BX_{12}+CX_{22}=E \end{cases}$$

解得:

$$X_{11}=A^{-1}，\ X_{12}=O，\ X_{21}=-C^{-1}BA^{-1}，\ X_{22}=C^{-1}$$

故

$$X^{-1}=\begin{pmatrix} A^{-1} & O \\ -C^{-1}BA^{-1} & C^{-1} \end{pmatrix}$$

课堂练习 2-19

设

$$A=\begin{pmatrix} 1 & 0 & 0 & 0 \\ 0 & 1 & 0 & 0 \\ 2 & 5 & 1 & 0 \\ 7 & -3 & 0 & 1 \end{pmatrix}，\quad B=\begin{pmatrix} 6 & -3 & 1 & 0 \\ 0 & 0 & 0 & 1 \\ 4 & 4 & 3 & 6 \\ 0 & -2 & -1 & 3 \end{pmatrix}$$

求 AB

解：把 A，B 分块成

$$A=\begin{pmatrix} 1 & 0 & 0 & 0 \\ 0 & 1 & 0 & 0 \\ 2 & 5 & 1 & 0 \\ 7 & -3 & 0 & 1 \end{pmatrix}=\begin{pmatrix} E & O \\ A_1 & E \end{pmatrix}$$

$$B=\begin{pmatrix} 6 & -3 & 1 & 0 \\ 0 & 0 & 0 & 1 \\ 4 & 4 & 3 & 6 \\ 0 & -2 & -1 & 3 \end{pmatrix}=\begin{pmatrix} B_{11} & E \\ B_{21} & B_{22} \end{pmatrix}$$

则

$$AB=\begin{pmatrix} E & O \\ A_1 & E \end{pmatrix}\begin{pmatrix} B_{11} & E \\ B_{21} & B_{22} \end{pmatrix}=\begin{pmatrix} B_{11} & E \\ A_1B_{11}+B_{21} & A_1+B_{22} \end{pmatrix}$$

而

$$A_1 B_{11} + B_{21} = \begin{pmatrix} 2 & 5 \\ 7 & -3 \end{pmatrix}\begin{pmatrix} 6 & -3 \\ 0 & 0 \end{pmatrix} + \begin{pmatrix} 4 & 4 \\ 0 & -2 \end{pmatrix}$$

$$= \begin{pmatrix} 12 & -6 \\ 42 & -21 \end{pmatrix} + \begin{pmatrix} 4 & 4 \\ 0 & -2 \end{pmatrix} = \begin{pmatrix} 16 & -2 \\ 42 & -23 \end{pmatrix}$$

$$A_1 + B_{22} = \begin{pmatrix} 2 & 5 \\ 7 & -3 \end{pmatrix} + \begin{pmatrix} 3 & 6 \\ -1 & 3 \end{pmatrix} = \begin{pmatrix} 5 & 11 \\ 6 & 0 \end{pmatrix}$$

于是

$$A\ B = \begin{pmatrix} 6 & -3 & 1 & 0 \\ 0 & 0 & 0 & 1 \\ 16 & -2 & 5 & 11 \\ 42 & -23 & 6 & 0 \end{pmatrix}$$

课堂练习 2-20

设 $A = \begin{pmatrix} 8 & 0 & 0 \\ 0 & 7 & 1 \\ 0 & 6 & 1 \end{pmatrix}$，求 A^{-1}。

解：

$$A = \begin{pmatrix} 8 & 0 & 0 \\ 0 & 7 & 1 \\ 0 & 6 & 1 \end{pmatrix} = \begin{pmatrix} A_1 & 0 \\ 0 & A_2 \end{pmatrix}$$

$$A_1 = (8), \quad A_1^{-1} = (0.1)$$

$$A_2 = \begin{pmatrix} 7 & 1 \\ 6 & 1 \end{pmatrix}, \quad A_2^{-1} = \begin{pmatrix} 1 & -1 \\ -6 & 7 \end{pmatrix}$$

所以

$$A^{-1} = \begin{pmatrix} 0.1 & 0 & 0 \\ 0 & 1 & -1 \\ 0 & -6 & 7 \end{pmatrix}$$

2.4.2 矩阵分块的应用

2.4.2.1 矩阵分块

矩阵按行分块

设

$$A = \begin{pmatrix} a_{11} & a_{12} & \cdots & a_{1n} \\ a_{21} & a_{22} & \cdots & a_{2n} \\ \cdots & \cdots & \cdots & \cdots \\ a_{m1} & a_{m2} & \cdots & a_{mn} \end{pmatrix}$$

记

$$\boldsymbol{\alpha}_i^{\mathrm{T}}(a_{i1},a_{i2},\cdots,a_{in}),i=1,2,\cdots,m$$

则

$$\boldsymbol{A}=\begin{pmatrix}\boldsymbol{\alpha}_1^{\mathrm{T}}\\ \boldsymbol{\alpha}_2^{\mathrm{T}}\\ \vdots\\ \boldsymbol{\alpha}_m^{\mathrm{T}}\end{pmatrix}$$

矩阵按列分块

记

$$\boldsymbol{a}_j=\begin{pmatrix}a_{1j}\\ a_{2j}\\ \vdots\\ a_{mj}\end{pmatrix},j=1,2,\cdots,n$$

则

$$\boldsymbol{A}=(a_1,a_2,\cdots,a_n)$$

2.4.2.2 线性方程组的表示

设

$$\begin{cases}a_{11}x_1+a_{12}x_2+\cdots+a_{1n}x_n=b_1\\ a_{21}x_1+a_{22}x_2+\cdots+a_{2n}x_n=b_2\\ \qquad\qquad\vdots\\ a_{m1}x_1+a_{m2}x_2+\cdots+a_{mn}x_n=b_m\end{cases}$$

若记

$$\boldsymbol{A}=\begin{pmatrix}a_{11}&a_{12}&\cdots&a_{1n}\\ a_{21}&a_{22}&\cdots&a_{2n}\\ \cdots&\cdots&\cdots&\cdots\\ a_{m1}&a_{m2}&\cdots&a_{mn}\end{pmatrix},\boldsymbol{x}=\begin{pmatrix}x_1\\ x_2\\ \vdots\\ x_n\end{pmatrix},\boldsymbol{b}=\begin{pmatrix}b_1\\ b_2\\ \vdots\\ b_m\end{pmatrix}$$

则线性方程组可表示为 $\boldsymbol{Ax}=\boldsymbol{b}$。

若记

$$A=\begin{pmatrix}\boldsymbol{\alpha}_1^{\mathrm{T}}\\ \boldsymbol{\alpha}_2^{\mathrm{T}}\\ \vdots\\ \boldsymbol{\alpha}_m^{\mathrm{T}}\end{pmatrix}$$

则线性方程组可表示为

$$\begin{pmatrix}\boldsymbol{\alpha}_1^{\mathrm{T}}\\ \boldsymbol{\alpha}_2^{\mathrm{T}}\\ \vdots\\ \boldsymbol{\alpha}_m^{\mathrm{T}}\end{pmatrix}\boldsymbol{x}=\boldsymbol{b}$$

或

$$\boldsymbol{\alpha}_i^{\mathrm{T}}\boldsymbol{x}=\boldsymbol{b}_i,(i=1,2,\cdots,m)$$

若记

$$\boldsymbol{A}=(a_1,a_2,\cdots,a_n)$$

则线性方程组可表示为

$$(a_1,a_2,\cdots,a_n)\begin{pmatrix}x_1\\ x_2\\ \vdots\\ x_n\end{pmatrix}=\boldsymbol{b}$$

或

$$x_1a_1+x_2a_2+\cdots+x_na_n=\boldsymbol{b}$$

2.4.2.3 矩阵相乘的表示

设

$$A=\begin{pmatrix}\boldsymbol{\alpha}_1^{\mathrm{T}}\\ \boldsymbol{\alpha}_2^{\mathrm{T}}\\ \vdots\\ \boldsymbol{\alpha}_m^{\mathrm{T}}\end{pmatrix}$$

$$B_{l\times n}=(b_1,b_2,\cdots,b_n),$$

则

$$AB=\begin{pmatrix} a_1^{\mathrm{T}}b_1 & a_1^{\mathrm{T}}b_2 & \cdots & a_1^{\mathrm{T}}b_n \\ a_2^{\mathrm{T}}b_1 & a_2^{\mathrm{T}}b_2 & & a_2^{\mathrm{T}}b_n \\ \cdots & \cdots & \cdots & \cdots \\ a_m^{\mathrm{T}}b_1 & a_m^{\mathrm{T}}b_2 & \cdots & a_m^{\mathrm{T}}b_n \end{pmatrix}$$

设

$$A_{m\times s}=(a_1,a_2,\cdots,a_s)$$

$$B_{s\times n}=\begin{pmatrix} \beta_1^{\mathrm{T}} \\ \beta_2^{\mathrm{T}} \\ \vdots \\ \beta_s^{\mathrm{T}} \end{pmatrix}$$

则

$$AB=a_1\beta_1^{\mathrm{T}}+a_2\beta_2^{\mathrm{T}}+\cdots+a_s\beta_s^{\mathrm{T}}$$

式中，a_i 是 $m\times 1$ 矩阵，β_i^{T} 是 $1\times n$，$\alpha_i\beta_i^{\mathrm{T}}(i=1,2,\cdots,s)$ 是 $m\times n$。

2.4.2.4 对角阵与矩阵相乘

$$\Lambda_m A_{m\times n}=\begin{pmatrix} \lambda_1 & & & \\ & \lambda_2 & & \\ & & \ddots & \\ & & & \lambda_m \end{pmatrix}\begin{pmatrix} \alpha_1^{\mathrm{T}} \\ \alpha_2^{\mathrm{T}} \\ \vdots \\ \alpha_m^{\mathrm{T}} \end{pmatrix}=\begin{pmatrix} \lambda_1\alpha_1^{\mathrm{T}} \\ \lambda_2\alpha_2^{\mathrm{T}} \\ \vdots \\ \lambda_m\alpha_m^{\mathrm{T}} \end{pmatrix}$$

$$A_{m\times n}\Lambda_n=(a_1,a_2,\cdots,a_n)\begin{pmatrix} \lambda_1 & & & \\ & \lambda_2 & & \\ & & \ddots & \\ & & & \lambda_n \end{pmatrix}=(\lambda_1 a_1,\lambda_2 a_2,\cdots,\lambda_n a_n)$$

2.4.3 几种重要的矩阵分块

2.4.3.1 $A_{m\times n}B_{n\times l}=C_{m\times l}$

设 $A_{m\times n}=(a_1,a_2,\cdots,a_n)$，其中 $a_1,a_2,\cdots,a_n$ 为 A 的 n 个列向量。$C_{m\times l}=(c_1,c_2,\cdots,c_l)$，其中 $c_1,c_2,\cdots,c_l$ 为 C 的 l 个列向量。

$$\boldsymbol{B}_{n\times l}=\begin{pmatrix} b_{11} & b_{12} & \dots & b_{1l} \\ b_{21} & b_{22} & \dots & b_{2l} \\ \dots & \dots & \dots & \dots \\ b_{n1} & b_{n2} & \dots & b_{nl} \end{pmatrix}$$

称 $\left(a_1,a_2,...,a_n\right)\begin{pmatrix} b_{11} & b_{12} & \dots & b_{1l} \\ b_{21} & b_{22} & \dots & b_{2l} \\ \dots & \dots & \dots & \dots \\ b_{n1} & b_{n2} & \dots & b_{nl} \end{pmatrix}=\left(c_1,c_2,\cdots,c_l\right)$ 为 $\boldsymbol{A}_{m\times n}\boldsymbol{B}_{n\times l}=\boldsymbol{C}_{m\times l}$ 的左列式分解，或称为左列式。左列式等价于：

$$\begin{cases} c_1=b_{11}a_1+b_{21}a_2+\cdots+b_{n1}a_n \\ c_2=b_{12}a_1+b_{22}a_2+\cdots+b_{n2}a_n \\ \qquad\vdots \\ c_l=b_{1l}a_1+b_{2l}a_2+\cdots+b_{nl}a_n \end{cases}$$

在第 4 章，利用左列式可以方便表示线性表示及线性相关性的证明。

线性方程组：$\boldsymbol{A}_{m\times n}\boldsymbol{x}_{n\times 1}=\boldsymbol{b}_{m\times 1}$ 的左列式为 $(a_1,a_2,\cdots,a_n)\begin{pmatrix} x_1 \\ x_2 \\ \vdots \\ x_n \end{pmatrix}=b$

即为 $a_1x_1+a_2x_2+\cdots+a_nx_n=b$。

称 $\boldsymbol{A}\left(b_1,b_2,\cdots,b_l\right)=\left(c_1,c_2,\cdots,c_l\right)$ 为 $\boldsymbol{A}_{m\times n}\boldsymbol{B}_{n\times l}=\boldsymbol{C}_{m\times l}$ 的右列式分解，或称为右列式。右列式等价于：

$$\begin{cases} \boldsymbol{A}b_1=c_1 \\ \boldsymbol{A}b_2=c_2 \\ \quad\vdots \\ \boldsymbol{A}b_l=c_l \end{cases}$$

右列式在第 3 章中有应用。

读者可以模仿左列式和右列式“发明”左行式和右行式。

2.4.3.2　$\boldsymbol{A}_{n\times n}\boldsymbol{B}_{n\times 2n}=\boldsymbol{C}_{n\times 2n}$

设 $\boldsymbol{B}_{n\times 2n}=(\boldsymbol{B}_{n\times n}^1,\boldsymbol{B}_{n\times n}^2),\boldsymbol{C}_{n\times 2n}=(\boldsymbol{C}_{n\times n}^1,\boldsymbol{C}_{n\times n}^2)$ 则 $\boldsymbol{A}_{n\times n}\boldsymbol{B}_{2n}=\boldsymbol{C}_{n\times 2n}$ 等价

于:

$$\begin{cases} \boldsymbol{A}_{n\times n}\boldsymbol{B}_{n\times n}^{1} = \boldsymbol{C}_{n\times n}^{1} \\ \boldsymbol{A}_{n\times n}\boldsymbol{B}_{n\times n}^{2} = \boldsymbol{C}_{n\times n}^{2} \end{cases}$$

这种矩阵分块在第三章中用到。

2.4.3.3 $\boldsymbol{A}_{n\times n}\boldsymbol{B}_{n\times n}=\boldsymbol{B}_{n\times n}\mathrm{diag}(\lambda_1,\lambda_2,\cdots,\lambda_n)$

将上式左边按照右列式分块, 将上式右边按照左列式分块可得:

$$\boldsymbol{A}_{n\times n}(b_1,b_2,\cdots,b_n)=(b_1,b_2,\cdots,b_n)\begin{pmatrix} \lambda_1 & & & \\ & \lambda_2 & & \\ & & \ddots & \\ & & & \lambda_n \end{pmatrix}$$

即: $\begin{cases} \boldsymbol{A}b_1 = \lambda_1 b_1 \\ \boldsymbol{A}b_2 = \lambda_2 b_2 \\ \quad\vdots \\ \boldsymbol{A}b_n = \lambda_n b_n \end{cases}$

这种矩阵分块在第 5 章中经常用到。

例如, 假设: $(b_1,b_2,b_3,a_1,a_2)=\begin{pmatrix} 1 & 0 & -2 & 0.5 & -0.5 \\ 0 & 1 & 1 & 0.5 & 0.5 \\ 0 & 0 & 0 & 0 & 0 \end{pmatrix}$

则它的行最简形是: $\begin{pmatrix} -1 & 1 & 3 & 0 & 1 \\ 0 & 2 & 2 & 1 & 1 \\ 1 & 1 & -1 & 1 & 0 \end{pmatrix}$

所以存在 3 阶可逆矩阵 $\boldsymbol{K}_{3\times 3}$ 使得:

$$\boldsymbol{K}_{3\times 3}\begin{pmatrix} -1 & 1 & 3 & 0 & 1 \\ 0 & 2 & 2 & 1 & 1 \\ 1 & 1 & -1 & 1 & 0 \end{pmatrix}=\begin{pmatrix} 1 & 0 & -2 & 0.5 & -0.5 \\ 0 & 1 & 1 & 0.5 & 0.5 \\ 0 & 0 & 0 & 0 & 0 \end{pmatrix}$$

即

$$\boldsymbol{K}(b_1,b_2,b_3,a_1,a_2)=\begin{pmatrix} 1 & 0 & -2 & 0.5 & -0.5 \\ 0 & 1 & 1 & 0.5 & 0.5 \\ 0 & 0 & 0 & 0 & 0 \end{pmatrix}$$

也即

$$K_{3\times3}\begin{pmatrix}0\\1\\1\end{pmatrix}=\begin{pmatrix}0\\1\\1\end{pmatrix},\ K_{3\times3}\begin{pmatrix}1\\1\\0\end{pmatrix}=\begin{pmatrix}0\\1\\0\end{pmatrix},\ K_{3\times3}\begin{pmatrix}-1\\0\\1\end{pmatrix}=\begin{pmatrix}-2\\1\\0\end{pmatrix}$$

$$K_{3\times3}\begin{pmatrix}1\\2\\1\end{pmatrix}=\begin{pmatrix}0.5\\0.5\\0\end{pmatrix},\ K_{3\times3}\begin{pmatrix}3\\2\\-1\end{pmatrix}=\begin{pmatrix}-0.5\\0.5\\0\end{pmatrix}$$

也即

$$K_{3\times3}b_1=\begin{pmatrix}0\\1\\1\end{pmatrix},\quad K_{3\times3}b_2=\begin{pmatrix}0\\1\\0\end{pmatrix},\quad K_{3\times3}b_3=\begin{pmatrix}-2\\1\\0\end{pmatrix}$$

$$K_{3\times3}a_1=\begin{pmatrix}0.5\\0.5\\0\end{pmatrix},\ K_{3\times3}a_2=\begin{pmatrix}-0.5\\0.5\\0\end{pmatrix}$$

由 $\begin{pmatrix}0.5\\0.5\\0\end{pmatrix}=0.5\begin{pmatrix}1\\0\\0\end{pmatrix}+0.5\begin{pmatrix}0\\1\\0\end{pmatrix}$

得

$$K_{3\times3}a_1=0.5K_{3\times3}b_1+0.5K_{3\times3}b_2$$

也即

$$a_1=0.5b_1+0.5b_2 \tag{2-1}$$

由 $\begin{pmatrix}-0.5\\0.5\\0\end{pmatrix}=-0.5\begin{pmatrix}1\\0\\0\end{pmatrix}+0.5\begin{pmatrix}0\\1\\0\end{pmatrix}$

得

$$K_{3\times3}a_2=-0.5K_{3\times3}b_1+0.5K_{3\times3}b_2$$

也即

$$a_2=-0.5b_1+0.5b_2 \tag{2-2}$$

由式(2-1)、式(2-2)知:

$$\begin{pmatrix}a_1 & a_2\end{pmatrix}=\begin{pmatrix}b_1 & b_2\end{pmatrix}\begin{pmatrix}0.5 & -0.5\\0.5 & 0.5\end{pmatrix}$$

下面的课堂练习 2-21~2-27 可以作为前两章的一次习题课。

课堂练习 2-21

设 $A=\begin{pmatrix}7&-7\\4&5\end{pmatrix}$，A 将 f(λ) = |λE − A| 写成 λ 的多项式，并计算 f(A)。

解：

$$f(\lambda)=|\lambda E-A|=\begin{vmatrix}\lambda-7&7\\-4&\lambda-5\end{vmatrix}$$

$$=\lambda^2-12\lambda+63$$

由此得

$$f(A)=A^2-12A+63E$$

$$=\begin{pmatrix}21&-84\\48&-3\end{pmatrix}-12\begin{pmatrix}7&-7\\4&5\end{pmatrix}+63\begin{pmatrix}1&0\\0&1\end{pmatrix}=\begin{pmatrix}0&0\\0&0\end{pmatrix}$$

课堂练习 2-22

设 A 为 4 阶可逆矩阵，A^* 为 A 的伴随矩阵，$|A|=0.125$，则行列式

$$|(0.2A)^{-1}-4A^*|=3280.5$$

课堂练习 2-23

设 3 阶方阵 $A\neq 0$，$B=\begin{pmatrix}1&2&-7\\4&2&t\\3&5&8\end{pmatrix}$，且 $AB=0$

则 t = 146。

课堂练习 2-24

若 n 阶矩阵 A 满足方程 $A^2+5A-0.2E=0$，

则 $A^{-1}=5A+25E$。

课堂练习 2-25

求下列矩阵的逆矩阵：

$$A=\begin{pmatrix}-1&-3&0&0&0\\1&1&0&0&0\\0&0&-9&-4&-2\\0&0&0&2&8\\0&0&0&0&-2\end{pmatrix},\quad B=\begin{pmatrix}1&-5&0&0&0\\1&1&0&0&0\\-8&-3&1&0&1\\-3&7&2&3&2\\-2&-4&3&1&1\end{pmatrix}$$

则

$$A^{-1}=\begin{pmatrix}0.5 & 1.5 & 0 & 0 & 0\\ -0.5 & -0.5 & 0 & 0 & 0\\ 0 & 0 & -0.1 & -0.2 & -0.8\\ 0 & 0 & 0 & 0.5 & 2\\ 0 & 0 & 0 & 0 & -0.5\end{pmatrix},\quad B^{-1}=\begin{pmatrix}0.17 & 0.83 & 0 & 0 & 0\\ -0.2 & 0.17 & 0 & 0 & 0\\ -0.6 & -0.2 & -0.2 & -0.2 & 0.5\\ 0 & -4.3 & -0.7 & 0.33 & 0\\ 1.42 & 7.42 & 1.17 & 0.17 & -0.5\end{pmatrix}$$

课堂练习 2-26

设 $P^{-1}AP=B$，求 A^7，其中

$$P=\begin{pmatrix}1 & -3\\ -1 & 1\end{pmatrix},\quad B=\begin{pmatrix}-1 & 0\\ 0 & 2\end{pmatrix}$$

解：因为 $P^{-1}AP=B$，所以 $A=PBP^{-1}$，于是

$$A^7=PB^7P^{-1}=\begin{pmatrix}1 & -3\\ -1 & 1\end{pmatrix}\begin{pmatrix}-1 & 0\\ 0 & 128\end{pmatrix}\begin{pmatrix}-1 & -2\\ -1 & -1\end{pmatrix}=\begin{pmatrix}192.5 & 193.5\\ -64.5 & -65.5\end{pmatrix}$$

课堂练习 2-27

设 $a_1=\begin{pmatrix}-2\\ 1\\ -1\end{pmatrix}$，$a_2=\begin{pmatrix}3\\ -2\\ 0\end{pmatrix}$，$a_3=\begin{pmatrix}-2\\ 1\\ 3\end{pmatrix}$

则行列式 $\left|a_1\ \ 2a_2\ \ 3a_3\right|=$ 24

见 1 游 戏

注：请清空下面黄色单元格中的 0，然后填写相应的答案。

见 1 游戏 2-1

计算矩阵的乘积

$$\begin{pmatrix}3 & -3 & -2 & 3\\ -1 & 3 & 1 & -2\end{pmatrix}\begin{pmatrix}0 & 0 & 0\\ 0 & 1 & 2\\ 0 & -2 & -3\\ -2 & 0 & 3\end{pmatrix}=\begin{pmatrix}0 & 0 & 0\\ 0 & 0 & 0\end{pmatrix}$$

见 1 游戏 2-2

求矩阵

$$A=\begin{pmatrix}-1 & -1\\ 1 & 1\end{pmatrix}\text{ 与 }B=\begin{pmatrix}1 & 1\\ 1 & 1\end{pmatrix}$$

的乘积 AB 及 BA。

解：$AB=\begin{pmatrix}0&0\\0&0\end{pmatrix}$，$BA=\begin{pmatrix}0&0\\0&0\end{pmatrix}$

见1游戏2-3

已知

$$A=\begin{pmatrix}6&-8&6\\-7&-2&-8\end{pmatrix},\quad B=\begin{pmatrix}3&0&2\\-1&3&-6\\-5&-1&-4\end{pmatrix}$$

求 $(AB)^T$

解法1：因为

$$AB=\begin{pmatrix}0&0&0\\0&0&0\end{pmatrix}\begin{pmatrix}0&0&0\\0&0&0\\0&0&0\end{pmatrix}=\begin{pmatrix}0&0&0\\0&0&0\end{pmatrix}$$

所以

$$(AB)^T=\begin{pmatrix}0&0\\0&0\\0&0\end{pmatrix}$$

解法2：

$$(AB)^T=B^TA^T=\begin{pmatrix}0&0&0\\0&0&0\\0&0&0\end{pmatrix}\begin{pmatrix}0&0\\0&0\\0&0\end{pmatrix}=\begin{pmatrix}0&0\\0&0\\0&0\end{pmatrix}$$

见1游戏2-4

设 $A=\begin{pmatrix}-2&-3&-1&2\\3&-2&2&2\\3&2&0&1\\0&-1&1&1\end{pmatrix}$，求 A 的伴随矩阵 A^*。

解：

$$A^*=\begin{pmatrix}0&0&0&0\\0&0&0&0\\0&0&0&0\\0&0&0&0\end{pmatrix}$$

见1游戏2-5

$A=\begin{pmatrix}-2&-1&3&0\\0&3&-1&2\\0&2&0&2\\3&-3&-2&1\end{pmatrix}$，求 A^* 的第1行，第1列的数字。

解：$A^*=\begin{pmatrix}\ &\ &\ \\ \ &\ &\ \\ \ &\ &\ \end{pmatrix}$

见1游戏2-6

设 $A=\begin{pmatrix}2&3\\4&7\end{pmatrix}$，则 $A^{-1}=\begin{pmatrix}0&0\\0&0\end{pmatrix}$

见 1 游戏 2-7

设(x_1, x_2)到(y_1, y_2)的线性变换由下式给出：

$$\begin{cases} y_1 = 1x_1 + 3x_2 \\ y_2 = 4x_1 + 11x_2 \end{cases}$$

其逆变换(y_1, y_2)到(x_1, x_2)的线性变换由下式给出：

$$\begin{cases} x_1 = 0\,y_1 \;\square\; 0\,y_2 \\ x_2 = 0\,y_1 \;\square\; 0\,y_2 \end{cases}$$

注：在绿色单元格填上符号。

见 1 游戏 2-8

解线性方程组

$$\begin{cases} -1x_1 - 3x_2 = -2 \\ 8x_1 + 25x_2 = 2 \end{cases}$$

解：

$$\begin{pmatrix} x_1 \\ x_2 \end{pmatrix} = \begin{pmatrix} -1 & -3 \\ 8 & 25 \end{pmatrix}^{-1} \begin{pmatrix} -2 \\ 2 \end{pmatrix} = \begin{pmatrix} 0 & 0 \\ 0 & 0 \end{pmatrix} \begin{pmatrix} -2 \\ 2 \end{pmatrix} = \begin{pmatrix} 0 \\ 0 \end{pmatrix}$$

见 1 游戏 2-9

设 $A = \begin{pmatrix} 1 & 1 & 1 \\ -1 & 0 & -1 \\ -3 & 0 & -1 \end{pmatrix}$，求 A^{-1}

解：

$$|A| = \begin{vmatrix} 1 & 1 & 1 \\ -1 & 0 & -1 \\ -3 & 0 & -1 \end{vmatrix} = 0$$

$$A_{11} = \begin{vmatrix} 0 & 0 \\ 0 & 0 \end{vmatrix} = 0 \qquad A_{21} = -\begin{vmatrix} 0 & 0 \\ 0 & 0 \end{vmatrix} = 0 \qquad A_{31} = \begin{vmatrix} 0 & 0 \\ 0 & 0 \end{vmatrix} = 0$$

$$A_{12} = -\begin{vmatrix} 0 & 0 \\ 0 & 0 \end{vmatrix} = 0 \qquad A_{22} = \begin{vmatrix} 0 & 0 \\ 0 & 0 \end{vmatrix} = 0 \qquad A_{32} = -\begin{vmatrix} 0 & 0 \\ 0 & 0 \end{vmatrix} = 0$$

$$A_{13} = \begin{vmatrix} 0 & 0 \\ 0 & 0 \end{vmatrix} = 0 \qquad A_{23} = -\begin{vmatrix} 0 & 0 \\ 0 & 0 \end{vmatrix} = 0 \qquad A_{33} = \begin{vmatrix} 0 & 0 \\ 0 & 0 \end{vmatrix} = 0$$

$$A^{-1} = |A|^{-1} A^* = 0 \begin{pmatrix} A_{11} & A_{21} & A_{31} \\ A_{12} & A_{22} & A_{32} \\ A_{13} & A_{23} & A_{33} \end{pmatrix} = 0 \begin{pmatrix} 0 & 0 & 0 \\ 0 & 0 & 0 \\ 0 & 0 & 0 \end{pmatrix}$$

见 1 游戏 2-10

设 $A = \begin{pmatrix} 1 & 1 & 1 \\ -1 & 0 & -1 \\ -2 & 1 & 0 \end{pmatrix}$，$B = \begin{pmatrix} 1 & 1 \\ 0 & 1 \end{pmatrix}$，$C = \begin{pmatrix} -3 & -6 \\ 0 & -5 \\ 4 & -8 \end{pmatrix}$

求矩阵 X 使其满足

$$AXB = C$$

解：若 A^{-1}，B^{-1} 存在，则用 A^{-1} 左乘上式，B^{-1} 右乘上式，有

$$A^{-1}AXBB^{-1}=A^{-1}CB^{-1}$$

即

$$X=A^{-1}CB^{-1}$$

因

$$A^{-1}=\begin{pmatrix}0&0&0\\0&0&0\\0&0&0\end{pmatrix},\quad B^{-1}=\begin{pmatrix}0&0\\0&0\end{pmatrix},$$

于是

$$X=A^{-1}CB^{-1}=\begin{pmatrix}0&0&0\\0&0&0\\0&0&0\end{pmatrix}\begin{pmatrix}0&0\\0&0\\0&0\end{pmatrix}\begin{pmatrix}0&0\\0&0\end{pmatrix}=\begin{pmatrix}0&0\\0&0\\0&0\end{pmatrix}\begin{pmatrix}0&0\\0&0\end{pmatrix}$$

$$=\begin{pmatrix}0&0\\0&0\\0&0\end{pmatrix}$$

见 1 游戏 2-11

设方阵 A 满足 $A^2+2A-39E=\mathbf{0}$，证明 $A-6E$ 可逆，并求 $(A-6E)^{-1}$。

证明：因

$$(A-6E)(A+8E)$$
$$=A^2+2A-39E-0E$$
$$=0E$$

所以 $A-6E$ 可逆，并且

$$(A-6E)^{-1}=0(A+0E)$$

见 1 游戏 2-12

设 $P=\begin{pmatrix}-1&0\\1&-1\end{pmatrix}$，$\Lambda=\begin{pmatrix}-1&0\\0&1\end{pmatrix}$，$AP=P\Lambda$，求 A^{15d0}

解：因 $|P|=0$，所以 P 可逆，且

$$P^{-1}=\begin{pmatrix}0&0\\0&0\end{pmatrix},$$

又因 $A=P\Lambda P^{-1}$，

所以 $A^2=P\Lambda P^{-1}P\Lambda P^{-1}=P\Lambda^2P^{-1}$，…，

$A^n=P\Lambda^nP^{-1}$

于是

$$A^{15d0}=\begin{pmatrix}0&0\\0&0\end{pmatrix}\begin{pmatrix}0&0\\0&0\end{pmatrix}\begin{pmatrix}0&0\\0&0\end{pmatrix}=\begin{pmatrix}0&0\\0&0\end{pmatrix}\begin{pmatrix}0&0\\0&0\end{pmatrix}=\begin{pmatrix}0&0\\0&0\end{pmatrix}$$

见 1 游戏 2-13

设 $P=\begin{pmatrix}-1&2&0\\2&-3&3\\0&2&0\end{pmatrix}$，$\Lambda=\begin{pmatrix}1&0&0\\0&2&0\\0&0&-3\end{pmatrix}$，$AP=P\Lambda$，

求 $\varphi(A)=A^3+2A^2-3A$

解：

$$\varphi(A)=P\varphi(\Lambda)P^{-1}=\begin{pmatrix}-1&2&0\\2&-3&3\\0&2&0\end{pmatrix}\begin{pmatrix}0&0&0\\0&0&0\\0&0&0\end{pmatrix}\begin{pmatrix}0&0&0\\0&0&0\\0&0&0\end{pmatrix}$$

$$=\begin{pmatrix}0&0&0\\0&0&0\\0&0&0\end{pmatrix}$$

见1游戏2-14

设

$$A=\begin{pmatrix}1&0&0&0\\0&1&0&0\\-1&-9&1&0\\1&-5&0&1\end{pmatrix},\quad B=\begin{pmatrix}-4&-5&1&0\\-3&5&0&1\\0&8&7&-2\\8&-3&8&-9\end{pmatrix}$$

求 A B

解：把 A ，B 分块成

$$A=\left(\begin{array}{cc:cc}0&0&0&0\\0&0&0&0\\\hdashline 0&0&0&0\\0&0&0&0\end{array}\right)=\begin{pmatrix}\mathbf{E}&\mathbf{0}\\\mathbf{A_1}&\mathbf{E}\end{pmatrix}$$

$$B=\left(\begin{array}{cc:cc}0&0&0&0\\0&0&0&0\\\hdashline 0&0&0&0\\0&0&0&0\end{array}\right)=\begin{pmatrix}\mathbf{B_{11}}&\mathbf{E}\\\mathbf{B_{21}}&\mathbf{B_{22}}\end{pmatrix}$$

则

$$AB=\begin{pmatrix}\mathbf{E}&\mathbf{0}\\\mathbf{A_1}&\mathbf{E}\end{pmatrix}\begin{pmatrix}\mathbf{B_{11}}&\mathbf{E}\\\mathbf{B_{21}}&\mathbf{B_{22}}\end{pmatrix}=\begin{pmatrix}\mathbf{B_{11}}&\mathbf{E}\\\mathbf{A_1}\mathbf{B_{11}}+\mathbf{B_{21}}&\mathbf{A_1}+\mathbf{B_{22}}\end{pmatrix}$$

而

$$\mathbf{A_1}\mathbf{B_{11}}+\mathbf{B_{21}}=\begin{pmatrix}0&0\\0&0\end{pmatrix}\begin{pmatrix}0&0\\0&0\end{pmatrix}+\begin{pmatrix}0&0\\0&0\end{pmatrix}$$

$$=\begin{pmatrix}0&0\\0&0\end{pmatrix}+\begin{pmatrix}0&0\\0&0\end{pmatrix}=\begin{pmatrix}0&0\\0&0\end{pmatrix}$$

$$\mathbf{A_1}+\mathbf{B_{22}}=\begin{pmatrix}0&0\\0&0\end{pmatrix}+\begin{pmatrix}0&0\\0&0\end{pmatrix}=\begin{pmatrix}0&0\\0&0\end{pmatrix}$$

于是

$$AB=\begin{pmatrix}0&0&0&0\\0&0&0&0\\0&0&0&0\\0&0&0&0\end{pmatrix}$$

见1游戏2-15

设 $A=\begin{pmatrix}5&0&0\\0&4&1\\0&3&1\end{pmatrix}$，求 A^{-1} 。

解：

$$A=\left(\begin{array}{c:cc}0&0&0\\\hdashline 0&0&0\\0&0&0\end{array}\right)=\begin{pmatrix}\mathbf{A_1}&\mathbf{0}\\\mathbf{0}&\mathbf{A_2}\end{pmatrix}$$

$\mathbf{A_1}=(0)$，$\mathbf{A_1}^{-1}=(0)$

$A_2 = \begin{pmatrix} 0 & 0 \\ 0 & 0 \end{pmatrix}$，$A_2^{-1} = \begin{pmatrix} 0 & 0 \\ 0 & 0 \end{pmatrix}$

所以

$A^{-1} = \begin{pmatrix} 0 & 0 & 0 \\ 0 & 0 & 0 \\ 0 & 0 & 0 \end{pmatrix}$

见1游戏2-16

已知 $PA = \begin{pmatrix} 1 & 0 & 0 & -2 \\ 0 & 1 & 0 & 6 \\ 0 & 0 & 1 & 6 \end{pmatrix}$，其中 P 为 3阶可逆矩阵，A 是 3×4 矩阵，把 A 按列分成 4块：

$A = (a_1, a_2, a_3, a_4)$

证明 $a_4 = -2a_1 + 6a_2 + 6a_3$

证：

设 $B = \begin{pmatrix} 1 & 0 & 0 & -2 \\ 0 & 1 & 0 & 6 \\ 0 & 0 & 1 & 6 \end{pmatrix}$，把 B 按列分成 4块：

$B = (b_1, b_2, b_3, b_4)$

则 $b_4 = 0b_1 + 0b_2 + 0b_3$ (2-3)

由 $PA = B$ 知

$P(a_1, a_2, a_3, a_4) = (b_1, b_2, b_3, b_4)$

即 $Pa_i = b_i$ $(i=1, 2, 3, 4)$

将上式代入式(2-3)有：

$Pa_4 = 0Pa_1 + 0Pa_2 + 0Pa_3$

由于 P 可逆，用 P^{-1} 左乘上式即得

$a_4 = -2a_1 + 6a_2 + 6a_3$

证毕。

见1游戏2-17

设 A 为 3 阶方阵，且

$A\begin{pmatrix} 5 \\ 0 \\ 0 \end{pmatrix} = -6\begin{pmatrix} 5 \\ 0 \\ 0 \end{pmatrix}$，$A\begin{pmatrix} 0 \\ -5 \\ -6 \end{pmatrix} = -2\begin{pmatrix} 0 \\ -5 \\ -6 \end{pmatrix}$，$A\begin{pmatrix} 0 \\ 1 \\ 1 \end{pmatrix} = -5\begin{pmatrix} 0 \\ 1 \\ 1 \end{pmatrix}$，

求 A。

解：设

$p_1 = \begin{pmatrix} 5 \\ 0 \\ 0 \end{pmatrix}$，$p_2 = \begin{pmatrix} 0 \\ -5 \\ -6 \end{pmatrix}$，$p_3 = \begin{pmatrix} 0 \\ 1 \\ 1 \end{pmatrix}$

则 $Ap_1 = 0p_1$，$Ap_2 = 0p_2$，$Ap_3 = 0p_3$，即

$A(p_1, p_2, p_3) = (0p_1, 0p_2, 0p_3)$

$= (p_1, p_2, p_3)\begin{pmatrix} 0 & 0 & 0 \\ 0 & 0 & 0 \\ 0 & 0 & 0 \end{pmatrix}$

设 $P=(p_1,p_2,p_3)$，则

$$AP=P\begin{pmatrix}0&0&0\\0&0&0\\0&0&0\end{pmatrix}$$

因 $|P|=0\neq0$，所以 P 可逆，故

$$A=P\begin{pmatrix}0&0&0\\0&0&0\\0&0&0\end{pmatrix}P^{-1}=\begin{pmatrix}0&0&0\\0&0&0\\0&0&0\end{pmatrix}\begin{pmatrix}0&0&0\\0&0&0\\0&0&0\end{pmatrix}\begin{pmatrix}0&0&0\\0&0&0\\0&0&0\end{pmatrix}$$

$$=\begin{pmatrix}0&0&0\\0&0&0\\0&0&0\end{pmatrix}\begin{pmatrix}0&0&0\\0&0&0\\0&0&0\end{pmatrix}=\begin{pmatrix}0&0&0\\0&0&0\\0&0&0\end{pmatrix}$$

3 矩阵的初等变换与线性方程组

本章先引进矩阵的初等变换，建立矩阵的秩的概念，并利用初等变换讨论矩阵的秩的性质；然后利用矩阵的秩讨论线性方程组无解、有唯一解和无穷多解的充分必要条件，并介绍用初等变换解线性方程组的方法。

3.1 矩阵的初等变换

定义 3-1 下面三种变换称为矩阵的初等行变换:

(1) 互换两行(记 $r_i \leftrightarrow r_j$);

(2) 以数 $k\left(k \neq 0\right)$ 乘以某一行(记 $r_i \times k$);

(3) 把某一行的 k 倍加到另一行上(记 $r_i + kr_j$)。

若将定义中的“行”换成“列”，则称之为初等列变换，初等行变换和初等列变换统称为初等变换。

定义 3-2 若矩阵 $\boldsymbol{A}$ 经有限次初等行变换变成矩阵 $\boldsymbol{B}$，则称 $\boldsymbol{A}$ 与 $\boldsymbol{B}$ 行等价，记 $\boldsymbol{A}^r\sim\boldsymbol{B}$；若矩阵 $\boldsymbol{A}$ 经有限次初等列变换变成矩阵 $\boldsymbol{B}$，则称 $\boldsymbol{A}$ 与 $\boldsymbol{B}$ 列等价，记 $\boldsymbol{A}^c\sim\boldsymbol{B}$；若矩阵 $\boldsymbol{A}$ 经有限次初等变换变成矩阵 $\boldsymbol{B}$，则称 $\boldsymbol{A}$ 与 $\boldsymbol{B}$ 等价，记 $\boldsymbol{A}\sim\boldsymbol{B}$ 。

等价关系满足:

(1)反身性: $\boldsymbol{A}\sim\boldsymbol{A}$;

(2)对称性: $\boldsymbol{A}\sim\boldsymbol{B}\Rightarrow\boldsymbol{B}\sim\boldsymbol{A}$;

(3)传递性: $\boldsymbol{A}\sim\boldsymbol{B}, \boldsymbol{B}\sim\boldsymbol{C}\Rightarrow\boldsymbol{A}\sim\boldsymbol{C}$。

下面通过例 3-1 介绍行阶梯形矩阵、行最简形矩阵和标准形三个概念。

例 3-1 用初等行变换解线性方程组:

$$\begin{cases} 2x_1 - x_2 - x_3 + x_4 = 2 \\ x_1 + x_2 - 2x_3 + x_4 = 4 \\ 4x_1 - 6x_2 + 2x_3 - 2x_4 = 4 \\ 3x_1 + 6x_2 - 9x_3 + 7x_4 = 9 \end{cases}$$

解：

$$B=(A,b)=\begin{pmatrix}2&-1&-1&1&2\\1&1&-2&1&4\\4&-6&2&-2&4\\3&6&-9&7&9\end{pmatrix}$$

(称 B 是该线性方程组的增广矩阵)

$$\underset{r_3\times\frac{1}{2}}{\overset{r_1\leftrightarrow r_2}{\sim}}\begin{pmatrix}1&1&-2&1&4\\2&-1&-1&1&2\\2&-3&1&-1&2\\3&6&-9&7&9\end{pmatrix}\underset{r_4-3r_1}{\overset{\substack{r_2-r_3\\r_3-2r_1}}{\sim}}\begin{pmatrix}1&1&-2&1&4\\0&2&-2&2&0\\0&-5&5&-3&-6\\0&3&-3&4&-3\end{pmatrix}$$

$$\overset{r_3\times\frac{1}{2}}{\sim}\begin{pmatrix}1&1&-2&1&4\\0&1&-1&1&0\\0&-5&5&-3&-6\\0&3&-3&4&-3\end{pmatrix}\underset{r_4-3r_2}{\overset{r_2+5r_2}{\sim}}\begin{pmatrix}1&1&-2&1&4\\0&1&-1&1&0\\0&0&0&2&-6\\0&0&0&1&-3\end{pmatrix}$$

$$\overset{r_3\leftrightarrow r_4}{\sim}\begin{pmatrix}1&1&-2&0&4\\0&1&-1&1&0\\0&0&0&1&-3\\0&0&0&2&-6\end{pmatrix}\overset{r_4-2r_3}{\sim}\begin{pmatrix}1&1&-2&1&4\\0&1&-1&1&0\\0&0&0&1&-3\\0&0&0&0&0\end{pmatrix}=B_1$$

(B_1 称为行阶梯形矩阵)

$$B_1\underset{r_1-r_3}{\overset{r_2-r_3}{\sim}}\begin{pmatrix}1&1&-2&0&7\\0&1&-1&0&3\\0&0&0&1&-3\\0&0&0&0&0\end{pmatrix}\overset{r_1-r_2}{\sim}\begin{pmatrix}1&0&-1&0&4\\0&1&-1&0&3\\0&0&0&1&-3\\0&0&0&0&0\end{pmatrix}=B_2$$

(B_2 称为行最简形矩阵)

B_2 对应的线性方程组为

$$\begin{cases}x_1-x_3=4\\x_2-x_3=3\\x_4=-3\end{cases}$$

取 $x_3=c$，则

$$\begin{cases} x_1 = c+4 \\ x_2 = c+3 \\ x_3 = c \\ x_4 = -3 \end{cases}$$

即

$$\begin{pmatrix} x_1 \\ x_2 \\ x_3 \\ x_4 \end{pmatrix} = \begin{pmatrix} c \\ c \\ c \\ 0 \end{pmatrix} + \begin{pmatrix} 4 \\ 3 \\ 0 \\ -3 \end{pmatrix} = c\begin{pmatrix} 1 \\ 1 \\ 1 \\ 0 \end{pmatrix} + \begin{pmatrix} 4 \\ 3 \\ 0 \\ -3 \end{pmatrix}$$

$\boldsymbol{B}_1$ 和 $\boldsymbol{B}_2$ 都称为行阶梯形矩阵，其特点是：可画出一条阶梯线，线的下方全为 0；每个台阶只有一行，台阶数即是非零行的行数，阶梯线的竖线(每段竖线的长度为一行)后面的第一个元素为非零元，也就是非零行的第一个非零元。行阶梯形矩阵 $\boldsymbol{B}_2$ 还称为行最简形矩阵，其特点是：非零行的第一个非零元为 1，且这些非零元所在的列的其他元素都为 0。

对 $m \times n$ 矩阵 $\boldsymbol{A}$，总能经若干次初等行变换和初等列变换变成如下形式

$$\boldsymbol{A} = \begin{pmatrix} \boldsymbol{E}_r & \boldsymbol{O} \\ \boldsymbol{O} & \boldsymbol{O} \end{pmatrix}$$

称之为标准形。

3.2 初等矩阵

定义 3-3 单位阵 $\boldsymbol{E}$ 经一次初等变换得到的矩阵称为初等矩阵，有如下形式：

(1)单位阵 $\boldsymbol{E}$ 中互换两行(列)

$$\boldsymbol{E} \underset{\text{或} c_1 \leftrightarrow c_1}{\overset{r_1 \leftrightarrow r_1}{\sim}} \begin{pmatrix} 1 & & & & & & \\ & \ddots & & & & & \\ & & 0 & \cdots & 1 & & \\ & & \vdots & \ddots & \vdots & & \\ & & 1 & \cdots & 0 & & \\ & & & & & \ddots & \\ & & & & & & 1 \end{pmatrix} = \boldsymbol{E}(i, j)$$

(2)单位阵 $\boldsymbol{E}$ 中以数 $k(k\neq 0)$乘以某一行(列)

$$\boldsymbol{E}\underset{\text{或}c_1\times k}{\overset{r_1\times k}{\sim}}\begin{pmatrix}1 & & & & \\ & \ddots & & & \\ & & k & & \\ & & & \ddots & \\ & & & & 1\end{pmatrix}=\boldsymbol{E}(i(k))$$

(3)单位阵 $\boldsymbol{E}$ 中把某一行(列)的 k 倍加到另一行上(列)

$$\boldsymbol{E}\underset{\text{或}c_1+kc_1}{\overset{r_1+kr_1}{\sim}}\begin{pmatrix}1 & & & & & \\ & \ddots & & & & \\ & & 1 & \cdots & k & \\ & & & \ddots & \vdots & \\ & & & & 1 & \\ & & & & & \ddots \\ & & & & & & 1\end{pmatrix}=\boldsymbol{E}(i,j(k))$$

上述 $\boldsymbol{E}(i,j)$, $\boldsymbol{E}(i(k))$, $\boldsymbol{E}(i,j(k))$就是三种初等矩阵。

课堂练习 3-1

设	E	为	5	阶	单	位	阵	，	则	初	等	矩	阵				
							0	0	0	1	0						
							0	1	0	0	0						
		E (	1,		4	) =	0	0	1	0	0						
							1	0	0	0	0						
							0	0	0	0	1						

课堂练习 3-2

设	E	为	5	阶	单	位	阵	，	则	初	等	矩	阵				
							1	0	0	0	0						
							0	1	0	0	0						
			E (	3	(-5)	) =	0	0	-5	0	0						
							0	0	0	1	0						
							0	0	0	0	1						

课堂练习 3-3

设 E 为 5阶单位阵，则初等矩阵

$$E(3\ 2(2))=\begin{pmatrix}1&0&0&0&0\\0&1&0&0&0\\0&2&1&0&0\\0&0&0&1&0\\0&0&0&0&1\end{pmatrix}$$

定理 3-1 设 A 为 $m\times n$ 矩阵，对 A 作一次初等行变换，相当于 A 左乘以一个相应的初等矩阵，对 A 作一次初等列变换，相当于 A 右乘以一个相应的初等矩阵，即

(1) $A \overset{r_1\leftrightarrow r_1}{\sim} B=E(i,j)A$，$A \overset{c_1\leftrightarrow c_1}{\sim} B=AE(i,j)$；

(2) $A \overset{r_1\times k}{\sim} B=E(i,(k))A$，$A \overset{c_1\times k}{\sim} B=AE(i,(k))$；

(3) $A \overset{r_1+kr_1}{\sim} B=E(i,j(k))A$，$A \overset{c_1+kc_1}{\sim} B=AE(j,i(k))$ 。

所有初等矩阵均为可逆矩阵，并且其逆阵也是初等矩阵：

$$E(i,j)^{-1}=E(i,j),\ \ E(i(k))^{-1}=E\left(i\left(\frac{1}{k}\right)\right), E(i,j(k))^{-1}=E\left(i,j(-k)\right)$$

定理 3-2 设 A 是可逆方阵，则存在有限个初等矩阵 $P_1,P_2,\cdots,P_l$，使得

$$A=P_1P_2\cdots P_l$$

证明： A 可逆，则 A 经有限次初等变换可变成单位阵 E，即 $A^r\sim E$，同样 $E^r\sim A$，即单位阵 E 经有限次初等变换也可变成 A，所以存在有限个初等矩阵 $P_1,\cdots,P_s$ 和 $P_{s+1},\cdots,P_l$，使得

$$P_1\cdots P_sEP_{s+1}\cdots P_l=A$$

即

$$A=P_1P_2\cdots P_l$$

推论 $m\times n$ 矩阵 $A\sim B\Leftrightarrow$存在 m 阶可逆阵 P 和 n 阶可逆阵 Q，使得 $PAQ=B$。

利用初等行变换求可逆阵的逆阵的方法：

设 A 是 n 阶可逆矩阵，则有有限个初等矩阵 $P_1,P_2,\cdots,P_l$ ，使得

$$A=P_1P_2\cdots P_l$$

故
$$P_1^{-1}\cdots P_2^{-1}P_l^{-1}A=E$$

而
$$A^{-1}=P_l^{-1}\cdots P_2^{-1}P_1^{-1}$$

即
$$P_l^{-1}\cdots P_2^{-1}P_1^{-1}\cdot E=A^{-1}$$

所以由 $P_l^{-1}\cdots P_2^{-1}P_1^{-1}A=E$ 和 $P_l^{-1}\cdots P_2^{-1}P_1^{-1}\cdot E=A^{-1}$ 可得

$$P_l^{-1}\cdots P_2^{-1}P_1^{-1}(A,E)=(E,A^{-1})$$

即

$$(A,E)^r\sim(E,A^{-1})$$

上式表明只要对(A, E)作初等行变换，使得(A, E)的左边 A 变成 E，则右边 E 就变成 A^{-1}。

课堂练习 3-4

设 $A=\begin{pmatrix}4&1&-1\\3&1&-3\\-5&0&-10\end{pmatrix}$ 的行最简形为 F，求 F，并求一个可逆矩阵 P，使得 PA = F。

解：对（A| E）进行行初等变换

$$\begin{pmatrix}4&1&-1&1&0&0\\3&1&-3&0&1&0\\-5&0&-10&0&0&1\end{pmatrix}\sim\begin{pmatrix}1&0&2&1&-1&0\\3&1&-3&0&1&0\\-5&0&-10&0&0&1\end{pmatrix}\sim\begin{pmatrix}1&0&2&1&-1&0\\0&1&-9&-3&4&0\\0&0&0&5&-5&1\end{pmatrix}$$

r1-r2

则
$$F=\begin{pmatrix}1&0&2\\0&1&-9\\0&0&0\end{pmatrix},\quad P=\begin{pmatrix}1&-1&0\\-3&4&0\\5&-5&1\end{pmatrix}$$

验证：
$$PA=\begin{pmatrix}1&-1&0\\-3&4&0\\5&-5&1\end{pmatrix}\begin{pmatrix}4&1&-1\\3&1&-3\\-5&0&-10\end{pmatrix}=\begin{pmatrix}1&0&2\\0&1&-9\\0&0&0\end{pmatrix}=F$$

课堂练习 3-5

设 $A=\begin{pmatrix}0&4&-4\\-3&0&4\\4&-3&0\end{pmatrix}$，证明 A 可逆，并求 A^{-1}。

解：
$$(A,E)=\begin{pmatrix}0&4&-4&1&0&0\\-3&0&4&0&1&0\\4&-3&0&0&0&1\end{pmatrix}\sim\begin{pmatrix}1&1&0&1&1&1\\-3&0&4&0&1&0\\4&-3&0&0&0&1\end{pmatrix}$$

$$\sim\begin{pmatrix}1&1&0&1&1&1\\0&3&4&3&4&3\\0&-7&0&-4&-4&-3\end{pmatrix}\sim\begin{pmatrix}1&1&0&1&1&1\\0&1&1.3&1&1.3&1\\0&-7&0&-4&-4&-3\end{pmatrix}\sim\begin{pmatrix}1&0&-1&0&-0&0\\0&1&1.3&1&1.3&1\\0&0&9.3&3&5.3&4\end{pmatrix}$$

$$\sim\begin{pmatrix}1&0&-1&0&-0&0\\0&1&1.3&1&1.3&1\\0&0&1&0.3&0.6&0.4\end{pmatrix}\sim\begin{pmatrix}1&0&0&0.4&0.4&0.6\\0&1&0&0.6&0.6&0.4\\0&0&1&0.3&0.6&0.4\end{pmatrix}$$

因 A ～ E，故 A 可逆，且 $A^{-1}=\begin{pmatrix}0.4286&0.4286&0.5714\\0.5714&0.5714&0.4286\\0.3214&0.5714&0.4286\end{pmatrix}$

课堂练习 3-6

求解矩阵方程 AX = B，其中 $A=\begin{pmatrix}1&0&0\\2&1&0\\2&1&1\end{pmatrix}$，$B=\begin{pmatrix}1&4\\6&8\\6&4\end{pmatrix}$。

解：设可逆矩阵 P 使 PA = F 为行最简形，则 P(A, B) = (F, PB)

因此对矩阵 (A, B) 作初等行变换把 A 变成 F，同时把 B 变成 PB。若 F = E，则 A 可逆，且 $P=A^{-1}$，这时所给方程有唯一解 $X=PB=A^{-1}B$。

$$(A, B)=\begin{pmatrix}1&0&0&1&4\\2&1&0&6&8\\2&1&1&6&4\end{pmatrix}\backsim\begin{pmatrix}1&0&0&1&4\\0&1&0&4&0\\0&1&1&4&-4\end{pmatrix}$$

$$\backsim\begin{pmatrix}1&0&0&1&4\\0&1&0&4&0\\0&0&1&0&-4\end{pmatrix}$$

可见 A ∽ E，因此 A 可逆，且

$$X=A^{-1}B=\begin{pmatrix}1&4\\4&0\\0&-4\end{pmatrix}$$

3.3 矩阵的秩

定义 3-4 在 $m\times n$ 矩阵 $\boldsymbol{A}$ 中，任取 k 行 k 列的元素，按原排列组成的 k 阶行列式，称之为 $\boldsymbol{A}$ 的 k 阶子式。若 $m\times n$ 矩阵 $\boldsymbol{A}$ 中有一个 r 阶子式 $\boldsymbol{D}\neq 0$，并且所有的 $r+1$ 阶子式全为零，则称 $\boldsymbol{D}$ 为 $\boldsymbol{A}$ 的最高阶非零子式，r 称为 $\boldsymbol{A}$ 的秩，记 $r=R(\boldsymbol{A})$。特别，当 n 阶方阵 $\boldsymbol{A}$ 的行列式 $|\boldsymbol{A}|\neq 0$，则

$R(\boldsymbol{A})=n$; 反之, 当 n 阶方阵 $\boldsymbol{A}$ 的秩 $R(\boldsymbol{A})=n$, 则$|\boldsymbol{A}|\neq 0$。因此 n 阶方阵可逆的充分必要条件是 $R(\boldsymbol{A})=n$ (满秩)。

例 3-2 在 $A=\begin{pmatrix}2 & -1 & 1 & 2\\ 1 & 1 & -1 & 2\\ 2 & -4 & 4 & 0\end{pmatrix}$ 中, 一个 2 阶子式 $\begin{vmatrix}2 & -1\\ 1 & 1\end{vmatrix}=3\neq 0$,

所有 3 阶子式均为零:

$$\begin{vmatrix}2 & -1 & 1\\ 1 & 1 & -1\\ 2 & -4 & 4\end{vmatrix}=0,\begin{vmatrix}2 & -1 & 2\\ 1 & 1 & 2\\ 2 & -4 & 0\end{vmatrix}=0,\begin{vmatrix}-1 & 1 & 2\\ 1 & -1 & 2\\ -4 & 4 & 0\end{vmatrix}=0,\begin{vmatrix}2 & 1 & 2\\ 1 & -1 & 2\\ 2 & 4 & 0\end{vmatrix}=0$$

故 $R(\boldsymbol{A})=2$。

定理 3-3 若 $\boldsymbol{A}\sim\boldsymbol{B}$, 则 $R(\boldsymbol{A})=R(\boldsymbol{B})$。

课堂练习 3-7

求矩阵 A 和 B 的秩，其中

$$A=\begin{pmatrix}1 & 0 & 2\\ 0 & 3 & -4\\ 2 & 3 & 0\end{pmatrix},\quad B=\begin{pmatrix}9 & -6 & 0 & -4 & 1\\ 0 & 9 & 8 & -9 & -6\\ 0 & 0 & 0 & -3 & -3\\ 0 & 0 & 0 & 0 & 0\end{pmatrix}$$

解：在 A 中容易看出一个 2阶子式

$$\begin{vmatrix}1 & 0\\ 0 & 3\end{vmatrix}\neq 0$$

A 的 3阶子式只有一个 |A|，而 |A| = 0，故 R(A) = 2。

B 是一个行阶梯形矩阵，其非零行有 3行，即知 B 的所有 4阶子式全为零，而以三个非零行的第一个非零元为对角元的 3阶行列式

$$\begin{vmatrix}9 & -6 & -4\\ 0 & 9 & -9\\ 0 & 0 & -3\end{vmatrix}$$

是一个上三角行列式，不等于 0，故 R(B) = 3.

课堂练习 3-8

$$A=\begin{pmatrix}1 & 2 & -3 & 2 & 2\\ -2 & -1 & 9 & -1 & -1\\ 0 & 0 & 0 & -3 & 2\\ 2 & 4 & -6 & 4 & 4\end{pmatrix},$$ 求矩阵 A 的秩，并求 A 的一个最高阶非零子式。

解：先求A的秩，为此对A作初等行变换变成行阶梯形矩阵

$$A=\begin{pmatrix}1&2&-3&2&2\\-2&-1&9&-1&-1\\0&0&0&-3&2\\2&4&-6&4&4\end{pmatrix}\sim\begin{pmatrix}1&2&-3&2&2\\0&3&3&3&3\\0&0&0&-3&2\\0&0&0&0&0\end{pmatrix}=B$$

将A的行阶梯形矩阵记作B，因B中有3个非零行，所以R(A)=3.

下面求A的一个最高阶非零子式：

因B是A的行阶梯形矩阵，所以存在一个4阶可逆矩阵P使得：

$$PA=B$$

将上式写成右列式可得

$$P(a_1, a_2, a_3, a_4, a_5)=(b_1, b_2, b_3, b_4, b_5)$$

则

$$P(a_1, a_2, a_4)=(b_1, b_2, b_4)$$

显然 $R(b_1, b_2, b_4)=3$

由于P可逆，则 $R(a_1, a_2, a_4)=3$，即A的最高阶非零子式一定是3阶的。

易知矩阵 (a_1, a_2, a_4) 的前3行为3阶方阵，其行列式

$$\begin{vmatrix}1&2&2\\-2&-1&-1\\0&0&-3\end{vmatrix}=-9\neq 0$$

因此这个式子便是A的一个最高阶非零子式。

课堂练习 3-9

设 $A=\begin{pmatrix}-1&-3&-2&-1\\-1&-3&0&1\\-3&-9&-6&-3\\-2&-6&-4&-2\end{pmatrix}$，$b=\begin{pmatrix}-3\\0\\-7\\-6\end{pmatrix}$

求矩阵A及矩阵B=（A, b）的秩。

解：

$$B=(A, B)=\begin{pmatrix}-1&-3&-2&-1&-3\\-1&-3&0&1&0\\-3&-9&-6&-3&-7\\-2&-6&-4&-2&-6\end{pmatrix}\sim\begin{pmatrix}-1&-3&-2&-1&-3\\0&0&2&2&3\\0&0&0&0&2\\0&0&0&0&0\end{pmatrix}$$

因此R(A)=2，R(B)=3。

课堂练习 3-10

设 $A=\begin{pmatrix}1&-6&6&8\\-3&19&\lambda&-8\\8&-47&8&\mu\end{pmatrix}$，已知R(A)=2，求λ和μ的值。

解：$A \sim \begin{pmatrix} 1 & -6 & 6 & 8 \\ 0 & 1 & \lambda-18 & 16 \\ 0 & 1 & -40 & \mu+64 \end{pmatrix}$

$\sim \begin{pmatrix} 1 & -9 & 6 & 8 \\ 0 & 1 & \lambda-18 & 16 \\ 0 & 0 & -58-\lambda & \mu+80 \end{pmatrix}$

即 $\lambda = -58$， $\mu = 80$ 。

课堂练习 3-11

设 3 阶矩阵 $A = \begin{pmatrix} -1 & -1 & -1 \\ -1 & 1 & 1 \\ 1 & 0 & -1 \end{pmatrix}$，求 $R(A+E)$ 及 $R(A-E)$ 。

解：因

$A + E = \begin{pmatrix} 0 & -1 & -1 \\ -1 & 2 & 1 \\ 1 & 0 & 0 \end{pmatrix}$ $A - E = \begin{pmatrix} -2 & -1 & -1 \\ -1 & 0 & 1 \\ 1 & 0 & -2 \end{pmatrix}$

所以 $R(A+E) = 3$， $R(A-E) = 3$。

验证： $R(A+E) + R(A-E) \geqslant 3$。

课堂练习 3-12

设 $A = \begin{pmatrix} 0 & 1 \\ 1 & 1 \\ 2 & 3 \end{pmatrix}$， $B = \begin{pmatrix} 1 & -1 & 1 \\ 1 & 0 & 1 \end{pmatrix}$， $C = AB$， 计算 $R(A)$，$R(B)$ 和 $R(C)$ 。

解： $R(A) = 2$， $R(B) = 2$， $R(C) = 2$

验证：若 $A_{m\times n} B_{n\times 1} = C$，且 $R(A) = n$，则 $R(B) = R(C)$ 。

3.4 线性方程组的解

定理 3-4 n 元线性方程组 $Ax=b$

(1)无解$\Leftrightarrow R(A)<R(A,b)$;

(2)有唯一解$\Leftrightarrow R(A)= R(A,b)=n$;

(3)有无穷多解$\Leftrightarrow R(A)= R(A,b)<n$。

设 $R(A)=r$，为讨论方便，不妨设增广矩阵经若干次初等行变换变成如下行最简形矩阵。

$$B\sim(A,b)^r\sim\begin{vmatrix}1 & 0 & \cdots & 0 & b_{11} & \cdots & b_{1,n-r} & d_1\\0 & 1 & \cdots & 0 & b_{21} & \cdots & b_{2,n-r} & d_2\\\vdots & \vdots & & \vdots & \vdots & & \vdots & \vdots\\0 & 0 & \cdots & 1 & b_{r1} & \cdots & b_{r,n-r} & d_r\\0 & 0 & \cdots & 0 & 0 & \cdots & 0 & d_{r+1}\\0 & 0 & \cdots & 0 & 0 & \cdots & 0 & 0\\\vdots & \vdots & & \vdots & \vdots & & \vdots & \vdots\\0 & 0 & \cdots & 0 & 0 & \cdots & 0 & 0\end{vmatrix}$$

证明:

(1) $R(A)<R\left(A,b\right)$, 则 $d_{r+1}=1$, 上述矩阵的第 r+1 行对应矛盾方程 0=1, 故方程组无解。

(2) $R(A)=R\left(A,b\right)=n$, 则上述行最简形矩阵为

$$\begin{pmatrix}1 & & & d_1\\ & 1 & & d_2\\ & & \ddots & \\ & & 1 & d_n\end{pmatrix}$$

对应的方程组是

$$\begin{cases}x_1=d_1\\x_2=d_2\\\quad\vdots\\x_n=d_n\end{cases}$$

即表示方程组有唯一解。

(3) $R(A)=R\left(A,b\right)<n$, 则 $d_{r+1}=0$, 对应的方程组可表示为

$$\begin{cases}x_1=-b_{11}x_{r+1}-\cdots-b_{1,n-r}x_n+d_1\\x_2=-b_{21}x_{r+1}-\cdots-b_{2,n-r}x_n+d_2\\\quad\vdots\\x_r=-b_{r1}x_{r+1}-\cdots-b_{r,n-r}x_n+d_r\end{cases}$$

令 $x_{r+1}=c_1, x_n=c_{n-r}$, 则解得方程组含 $n-r$ 个参数的解:

$$\begin{pmatrix} x_1 \\ \vdots \\ x_r \\ x_{r+1} \\ \vdots \\ x_n \end{pmatrix} = \begin{pmatrix} -b_{11}c_1 - \cdots - b_{1,n-r}c_{n-r} + d_1 \\ \vdots \\ -b_{r1}c_1 - \cdots - b_{r,n-r}c_{n-r} + d_r \\ c_1 \\ \vdots \\ c_{n-r} \end{pmatrix}$$

即

$$\begin{pmatrix} x_1 \\ \vdots \\ x_r \\ x_{r+1} \\ \vdots \\ x_n \end{pmatrix} = c_1 \begin{pmatrix} -b_{11} \\ \vdots \\ -b_{r1} \\ 1 \\ \vdots \\ 1 \end{pmatrix} + \cdots + c_{n-r} \begin{pmatrix} -b_{1,n-r} \\ \vdots \\ -b_{r,n-r} \\ 0 \\ \vdots \\ 1 \end{pmatrix} + \begin{pmatrix} d_1 \\ \vdots \\ d_r \\ 0 \\ \vdots \\ 0 \end{pmatrix}$$

由于参数可任取，故方程组有无穷多个解。

推广可得：

定理 3-5 矩阵方程 $\boldsymbol{A}x=\boldsymbol{B}$ 有解 $\Leftrightarrow R(\boldsymbol{A})=R(\boldsymbol{A},\boldsymbol{B})$；矩阵方程 $\boldsymbol{A}_{m\times n}\boldsymbol{X}_{n\times l}=\boldsymbol{O}$ 只有零解 $\Leftrightarrow R(\boldsymbol{A})=0$。若 $\boldsymbol{AB}=\boldsymbol{C}$，则

$$R(\boldsymbol{C}) \leqslant \min\left(R(\boldsymbol{A}), R(\boldsymbol{B})\right)。$$

注：定理 3-5 中的最后一个性质将经常使用。

例 3-3 证明 $R(\boldsymbol{A}+\boldsymbol{B}) \leqslant R(\boldsymbol{A},\boldsymbol{B})$

证明：不妨设 $\boldsymbol{A},\boldsymbol{B}$ 为 $m\times n$ 矩阵，$\boldsymbol{E}$ 为 n 阶单位阵，则

$$\boldsymbol{A}+\boldsymbol{B} = (\boldsymbol{A},\boldsymbol{B})\begin{pmatrix} \boldsymbol{E} \\ \boldsymbol{E} \end{pmatrix}$$

由定理 3-5 知，$R(\boldsymbol{A}+\boldsymbol{B}) \leqslant R(\boldsymbol{A},\boldsymbol{B})$。

证毕。

例 3-4 设 $\boldsymbol{A}$ 为 n 阶矩阵，$\boldsymbol{E}$ 为 n 阶单位阵，证明 $R(\boldsymbol{A}+\boldsymbol{E})+R(\boldsymbol{A}-\boldsymbol{E}) \geqslant n$

证明：因 $(\boldsymbol{A}+\boldsymbol{E})+(\boldsymbol{A}-\boldsymbol{E})=2\boldsymbol{E}$，由例 3-3 知

$$R(\boldsymbol{A}+\boldsymbol{E})+R(\boldsymbol{A}-\boldsymbol{E})\geqslant R(2\boldsymbol{E})=n$$

而$R(\boldsymbol{E}-\boldsymbol{A})=R(\boldsymbol{A}-\boldsymbol{E})$，所以

$$R(\boldsymbol{A}+\boldsymbol{E})+R(\boldsymbol{A}-\boldsymbol{E})\geqslant n$$

证毕。

例 3-5 证明：若$\boldsymbol{A}_{m\times n}\boldsymbol{B}_{n\times l}=\boldsymbol{C}$，且$R(\boldsymbol{A})=n$，则$R(\boldsymbol{B})=R(\boldsymbol{C})$。

证明：因$R(\boldsymbol{A})=n$，知 $m\geqslant n$且$\boldsymbol{A}$的行最简形矩阵为$\begin{pmatrix}\boldsymbol{E}_n\\ \boldsymbol{O}_{(m-n)\times n}\end{pmatrix}$，并有$m$阶可逆矩阵$\boldsymbol{P}$，使

$$\boldsymbol{PA}=\begin{pmatrix}\boldsymbol{E}_n\\ \boldsymbol{O}_{(m-n)\times n}\end{pmatrix}$$

于是

$$\boldsymbol{PC}=\boldsymbol{PAB}=\begin{pmatrix}\boldsymbol{E}_n\\ \boldsymbol{O}_{(m-n)\times n}\end{pmatrix}\boldsymbol{B}=\begin{pmatrix}\boldsymbol{B}\\ \boldsymbol{O}_{(m-n)\times l}\end{pmatrix} \tag{3-1}$$

由定理 3-5 知，

$$R(\boldsymbol{C})\geqslant R\begin{pmatrix}\boldsymbol{B}\\ \boldsymbol{O}_{(m-n)\times l}\end{pmatrix} \tag{3-2}$$

又因$\boldsymbol{P}$可逆，则由式(3-1)可得

$$\boldsymbol{C}=\boldsymbol{P}^{-1}\begin{pmatrix}\boldsymbol{B}\\ \boldsymbol{O}_{(m-n)\times l}\end{pmatrix} \tag{3-3}$$

由定理 3-5 知，

$$R(\boldsymbol{C})\leqslant R\begin{pmatrix}\boldsymbol{B}\\ \boldsymbol{O}_{(m-n)\times l}\end{pmatrix} \tag{3-4}$$

综合式(3-2)、式(3-4)可得：

$$R(\boldsymbol{C})=R\begin{pmatrix}\boldsymbol{B}\\ \boldsymbol{O}_{(m-n)\times l}\end{pmatrix} \tag{3-5}$$

因
$$\boldsymbol{B}=\left(\boldsymbol{E}_n,\boldsymbol{O}_{n\times(m-n)}\right)\begin{pmatrix}\boldsymbol{B}\\ \boldsymbol{O}_{(m-n)\times l}\end{pmatrix}$$

由定理 3-5 知,

$$R(\boldsymbol{B})\leqslant R\begin{pmatrix}\boldsymbol{B}\\ \boldsymbol{O}_{(m-n)\times l}\end{pmatrix} \tag{3-6}$$

因
$$\begin{pmatrix}\boldsymbol{B}\\ \boldsymbol{O}_{(m-n)\times l}\end{pmatrix}=\begin{pmatrix}\boldsymbol{E}_n\\ \boldsymbol{O}_{(m-n)\times n}\end{pmatrix}\boldsymbol{B}$$

由定理 3-5 知,

$$R\begin{pmatrix}\boldsymbol{B}\\ \boldsymbol{O}_{(m-n)\times l}\end{pmatrix}\leqslant R(\boldsymbol{B}) \tag{3-7}$$

综合式(3-6)、式(3-7)可得:

$$R\begin{pmatrix}\boldsymbol{B}\\ \boldsymbol{O}_{(m-n)\times l}\end{pmatrix}=R(\boldsymbol{B}) \tag{3-8}$$

由式(3-5)、式(3-8)可得:

$$R(\boldsymbol{B})=R\left(\boldsymbol{C}\right)$$

证毕。

课堂练习 3-13

求解齐次线性方程组

$$\begin{cases}7x_1-3x_2-20x_3-3x_4=0\\ -2x_1+1x_2+6x_3+1x_4=0\\ -1x_1+1x_2+4x_3+1x_4=0\end{cases}$$

解：对系数矩阵A施行初等行变换变为行最简形矩阵

$$A=\begin{pmatrix}7&-3&-20&-3\\-2&1&6&1\\-1&1&4&1\end{pmatrix}\sim\begin{pmatrix}1&0&-2&0\\-2&1&6&1\\1&0&-2&0\end{pmatrix}\sim\begin{pmatrix}1&0&-2&0\\0&1&2&1\\0&0&0&0\end{pmatrix}$$

即得与原方程组同解的方程组

$$\begin{cases}x_1-2x_3+0x_4=0\\ x_2+2x_3+1x_4=0\end{cases}$$

由此即得

$$\begin{cases} x_1 = 2x_3 - 0x_4 \\ x_2 = -2x_3 - 1x_4 \end{cases}$$

x_3，x_4 可任意取值，令 $x_3 = c_1$，$x_4 = c_2$，把它写成参数形式：

$$\begin{cases} x_1 = 2c_1 - 0c_2 \\ x_2 = -2c_1 - 1c_2 \\ x_3 = c_1 \\ x_4 = c_2 \end{cases}$$

式中，c_1，c_2 为任意实数，或写成向量形式

$$\begin{pmatrix} x_1 \\ x_2 \\ x_3 \\ x_4 \end{pmatrix} = c_1\begin{pmatrix} 2 \\ -2 \\ 1 \\ 0 \end{pmatrix} + c_2\begin{pmatrix} 0 \\ -1 \\ 0 \\ 1 \end{pmatrix}$$

课堂练习 3-14

求解非齐次线性方程组

$$\begin{cases} -2x_1 + 1x_2 - 7x_3 + 0x_4 = -12 \\ -3x_1 + 1x_2 - 11x_3 - 1x_4 = -16 \\ -1x_1 + 1x_2 - 3x_3 + 1x_4 = -6 \end{cases}$$

解：对增广矩阵 B 施行初等行变换

$$B = \begin{pmatrix} -2 & 1 & -7 & 0 & -12 \\ -3 & 1 & -11 & -1 & -16 \\ -1 & 1 & -3 & 1 & -6 \end{pmatrix} \sim \begin{pmatrix} 1 & 0 & 4 & 1 & 4 \\ -3 & 1 & -11 & -1 & -16 \\ 2 & 0 & 8 & 2 & 10 \end{pmatrix} \sim \begin{pmatrix} 1 & 0 & 4 & 1 & 4 \\ 0 & 1 & 1 & 2 & -4 \\ 0 & 0 & 0 & 0 & 2 \end{pmatrix}$$

可见 $R(A) = 2$，$R(B) = 3$，故方程组无解。

课堂练习 3-15

求解非齐次线性方程组

$$\begin{cases} 2x_1 + 1x_2 - 6x_3 - 10x_4 = 4 \\ 1x_1 + 1x_2 - 5x_3 - 7x_4 = 1 \\ 0x_1 - 2x_2 + 8x_3 + 8x_4 = 4 \end{cases}$$

解：对增广矩阵 B 施行初等行变换

$$B = \begin{pmatrix} 2 & 1 & -6 & -10 & 4 \\ 1 & 1 & -5 & -7 & 1 \\ 0 & -2 & 8 & 8 & 4 \end{pmatrix} \sim \begin{pmatrix} 1 & 0 & -1 & -3 & 3 \\ 1 & 1 & -5 & -7 & 1 \\ 2 & 0 & -2 & -6 & 6 \end{pmatrix} \sim \begin{pmatrix} 1 & 0 & -1 & -3 & 3 \\ 0 & 1 & -4 & -4 & -2 \\ 1 & 0 & -1 & -3 & 3 \end{pmatrix}$$

即得

$$\begin{cases} x_1 = 1x_3 - 3x_4 + 3 \\ x_2 = 4x_3 + 4x_4 + 2 \\ x_3 = x_3 \\ x_4 = x_4 \end{cases}$$

亦即

$$\begin{pmatrix} x_1 \\ x_2 \\ x_3 \\ x_4 \end{pmatrix} = c_1 \begin{pmatrix} 1 \\ 4 \\ 1 \\ 0 \end{pmatrix} + c_2 \begin{pmatrix} 3 \\ 4 \\ 0 \\ 1 \end{pmatrix} + \begin{pmatrix} 3 \\ -2 \\ 0 \\ 0 \end{pmatrix}$$

式中，c_1，c_2 为任意实数。

课堂练习 3-16

设有线性方程组

$$\begin{cases} (-4+\lambda)x_1 + 1x_2 + 1x_3 = 0 \\ 1x_1 + (-4+\lambda)x_2 + 1x_3 = -2 \\ 1x_1 + 1x_2 + (-4+\lambda)x_3 = 2 \end{cases}$$

问 λ 取何值时，此方程组（1）有唯一解；（2）无解；（3）有无限多个解？并在有无限多个解时求其通解。

解：因系数矩阵为方阵，故方程组有唯一解的充分必要条件是系数行列式 $|A| \neq 0$，而

$$|A| = \begin{vmatrix} -4+\lambda & 1 & 1 \\ 1 & -4+\lambda & 1 \\ 1 & 1 & -4+\lambda \end{vmatrix} = \begin{vmatrix} -2+\lambda & -2+\lambda & -2+\lambda \\ 1 & -4+\lambda & 1 \\ 1 & 1 & -4+\lambda \end{vmatrix}$$

$$= (-2+\lambda) \begin{vmatrix} 1 & 1 & 1 \\ 1 & -4+\lambda & 1 \\ 1 & 1 & -4+\lambda \end{vmatrix}$$

$$= (-2+\lambda) \begin{vmatrix} 1 & 1 & 1 \\ 0 & -5+\lambda & 0 \\ 0 & 0 & -5+\lambda \end{vmatrix}$$

$$= (-2+\lambda)(-5+\lambda)^2$$

因此，当 $\lambda \neq 2$ 且 $\lambda \neq 5$ 时，方程组有唯一解。

当 $\lambda = 5$ 时，增广矩阵

$$B = \begin{pmatrix} 1 & 1 & 1 & 0 \\ 1 & 1 & 1 & -2 \\ 1 & 1 & 1 & 2 \end{pmatrix} \sim \begin{pmatrix} 1 & 1 & 1 & 0 \\ 1 & 1 & 1 & -2 \\ 1 & 1 & 1 & 2 \end{pmatrix} \sim \begin{pmatrix} 1 & 1 & 1 & 0 \\ 0 & 0 & 0 & -2 \\ 0 & 0 & 0 & 2 \end{pmatrix}$$

$$\sim \begin{pmatrix} 1 & 1 & 1 & 0 \\ 0 & 0 & 0 & -2 \\ 0 & 0 & 0 & 0 \end{pmatrix}$$

即 $R(A)=1$，$R(B)=2$，故方程组无解。

当 $\lambda = 2$ 时，增广矩阵

$$B = \begin{pmatrix} -2 & 1 & 1 & 0 \\ 1 & -2 & 1 & -2 \\ 1 & 1 & -2 & 2 \end{pmatrix} \sim \begin{pmatrix} -2 & 1 & 1 & 0 \\ 1 & -2 & 1 & -2 \\ 0 & 0 & 0 & 0 \end{pmatrix} \sim \begin{pmatrix} 1 & -1 & -1 & 0 \\ 1 & -2 & 1 & -2 \\ 0 & 0 & 0 & 0 \end{pmatrix}$$

$$\sim \begin{pmatrix} 1 & -1 & -1 & 0 \\ 0 & -2 & 1.5 & -2 \\ 0 & 0 & 0 & 0 \end{pmatrix} \sim \begin{pmatrix} 1 & -1 & -1 & 0 \\ 0 & 1 & -1 & 1.3 \\ 0 & 0 & 0 & 0 \end{pmatrix} \sim \begin{pmatrix} 1 & 0 & -1 & 0.7 \\ 0 & 1 & -1 & 1.3 \\ 0 & 0 & 0 & 0 \end{pmatrix}$$

即 $R(A)=R(B)=2<3$，故方程组有无限多个解，

通解为

$$\begin{pmatrix} x_1 \\ x_2 \\ x_3 \end{pmatrix} = c\begin{pmatrix} 1 \\ 1 \\ 1 \end{pmatrix} + \begin{pmatrix} 0.7 \\ 1.3 \\ 0 \end{pmatrix}$$

式中，c 为任意实数。

课堂练习 3-17

设矩阵 $A = \begin{pmatrix} 4 & 17 & 8 \\ 1 & 3 & 2 \\ 4 & 12 & 8 \end{pmatrix}$，其标准形为 F，证明

$$E(2\ 1(-4))\,E(3\ 1(-4))\,E(1,\ 2)\,A\,E(2\ 1(-3))\,E(3\ 1(-2))\,E(2(0.2)) = F$$

证明：因

$$A = \begin{pmatrix} 4 & 17 & 8 \\ 1 & 3 & 2 \\ 4 & 12 & 8 \end{pmatrix} \sim \begin{pmatrix} 1 & 3 & 2 \\ 4 & 17 & 8 \\ 4 & 12 & 8 \end{pmatrix} \sim \begin{pmatrix} 1 & 3 & 2 \\ 0 & 5 & 0 \\ 0 & 0 & 0 \end{pmatrix} \sim \begin{pmatrix} 1 & 0 & 0 \\ 0 & 5 & 0 \\ 0 & 0 & 0 \end{pmatrix} \sim \begin{pmatrix} 1 & 0 & 0 \\ 0 & 1 & 0 \\ 0 & 0 & 0 \end{pmatrix}$$

r1 ⟷ r2

所以

$$F = \begin{pmatrix} 1 & 0 & 0 \\ 0 & 1 & 0 \\ 0 & 0 & 0 \end{pmatrix}$$

而

$$E(2\ 1(-4))\,E(3\ 1(-4))\,E(1,\ 2)\,A\,E(2\ 1(-3))\,E(3\ 1(-2))\,E(2(0.2))$$

$$= \begin{pmatrix} 1 & 0 & 0 \\ -4 & 1 & 0 \\ 0 & 0 & 1 \end{pmatrix}\begin{pmatrix} 1 & 0 & 0 \\ 0 & 1 & 0 \\ -4 & 0 & 1 \end{pmatrix}\begin{pmatrix} 0 & 1 & 0 \\ 1 & 0 & 0 \\ 0 & 0 & 1 \end{pmatrix}\begin{pmatrix} 4 & 17 & 8 \\ 1 & 3 & 2 \\ 4 & 12 & 8 \end{pmatrix}\begin{pmatrix} 1 & -3 & 0 \\ 0 & 1 & 0 \\ 0 & 0 & 1 \end{pmatrix}\begin{pmatrix} 1 & 0 & -2 \\ 0 & 1 & 0 \\ 0 & 0 & 1 \end{pmatrix}\begin{pmatrix} 1 & 0 & 0 \\ 0 & 0.2 & 0 \\ 0 & 0 & 1 \end{pmatrix}$$

$$= \begin{pmatrix} 1 & 0 & 0 \\ -4 & 1 & 0 \\ -4 & 0 & 1 \end{pmatrix}\begin{pmatrix} 0 & 1 & 0 \\ 1 & 0 & 0 \\ 0 & 0 & 1 \end{pmatrix}\begin{pmatrix} 4 & 17 & 8 \\ 1 & 3 & 2 \\ 4 & 12 & 8 \end{pmatrix}\begin{pmatrix} 1 & -3 & 0 \\ 0 & 1 & 0 \\ 0 & 0 & 1 \end{pmatrix}\begin{pmatrix} 1 & 0 & -2 \\ 0 & 1 & 0 \\ 0 & 0 & 1 \end{pmatrix}\begin{pmatrix} 1 & 0 & 0 \\ 0 & 0.2 & 0 \\ 0 & 0 & 1 \end{pmatrix}$$

每次只计算前两个矩阵相乘。

$$= \begin{pmatrix} 0 & 1 & 0 \\ 1 & -4 & 0 \\ 0 & -4 & 1 \end{pmatrix}\begin{pmatrix} 4 & 17 & 8 \\ 1 & 3 & 2 \\ 4 & 12 & 8 \end{pmatrix}\begin{pmatrix} 1 & -3 & 0 \\ 0 & 1 & 0 \\ 0 & 0 & 1 \end{pmatrix}\begin{pmatrix} 1 & 0 & -2 \\ 0 & 1 & 0 \\ 0 & 0 & 1 \end{pmatrix}\begin{pmatrix} 1 & 0 & 0 \\ 0 & 0.2 & 0 \\ 0 & 0 & 1 \end{pmatrix} = \begin{pmatrix} 1 & 3 & 2 \\ 0 & 5 & 0 \\ 0 & 0 & 0 \end{pmatrix}\begin{pmatrix} 1 & -3 & 0 \\ 0 & 1 & 0 \\ 0 & 0 & 1 \end{pmatrix}\begin{pmatrix} 1 & 0 & -2 \\ 0 & 1 & 0 \\ 0 & 0 & 1 \end{pmatrix}\begin{pmatrix} 1 & 0 & 0 \\ 0 & 0.2 & 0 \\ 0 & 0 & 1 \end{pmatrix}$$

$$= \begin{pmatrix} 1 & 0 & 2 \\ 0 & 5 & 0 \\ 0 & 0 & 0 \end{pmatrix}\begin{pmatrix} 1 & 0 & -2 \\ 0 & 1 & 0 \\ 0 & 0 & 1 \end{pmatrix}\begin{pmatrix} 1 & 0 & 0 \\ 0 & 0.2 & 0 \\ 0 & 0 & 1 \end{pmatrix} = \begin{pmatrix} 1 & 0 & 0 \\ 0 & 5 & 0 \\ 0 & 0 & 0 \end{pmatrix}\begin{pmatrix} 1 & 0 & 0 \\ 0 & 0.2 & 0 \\ 0 & 0 & 1 \end{pmatrix} = \begin{pmatrix} 1 & 0 & 0 \\ 0 & 1 & 0 \\ 0 & 0 & 0 \end{pmatrix} = F$$

证毕。

课堂练习 3-18

设可逆矩阵 $A = \begin{pmatrix} 3 & -1 & 9 \\ 1 & -2 & 3 \\ 6 & -12 & 20 \end{pmatrix}$，试将 A 分解成若干个初等矩阵相乘。

解：因为

$$A = \begin{pmatrix} 3 & -1 & 9 \\ 1 & -2 & 3 \\ 6 & -12 & 20 \end{pmatrix} \sim \begin{pmatrix} 1 & -2 & 3 \\ 3 & -1 & 9 \\ 6 & -12 & 20 \end{pmatrix} \sim \begin{pmatrix} 1 & -2 & 3 \\ 0 & 5 & 0 \\ 0 & 0 & 2 \end{pmatrix} \sim \begin{pmatrix} 1 & 0 & 0 \\ 0 & 5 & 0 \\ 0 & 0 & 2 \end{pmatrix} \sim \begin{pmatrix} 1 & 0 & 0 \\ 0 & 1 & 0 \\ 0 & 0 & 1 \end{pmatrix}$$

所以 r1 ⟷ r2

$$A = E(2\ 1(-3))\,E(3\ 1(-6))\,E(1,\ 2)\,E(2\ 1(2))\,E(3\ 1(-3))\,E(2(0.2))\,E(2(0.5))$$

课堂练习 3-19

设 A 为 3 阶矩阵，将 A 的第 3 行加到第 1 行得 B，再将 B 的第 1 列的 -10 倍加到第 2 列得 C，则

$$C = \begin{pmatrix} 1 & 0 & 1 \\ 0 & 1 & 0 \\ 0 & 0 & 1 \end{pmatrix} A \begin{pmatrix} 1 & -10 & 0 \\ 0 & 1 & 0 \\ 0 & 0 & 1 \end{pmatrix}$$

课堂练习 3-20

设三阶矩阵 $A = \begin{pmatrix} -7 & b & b \\ b & -7 & b \\ b & b & -7 \end{pmatrix}$，若 A 的伴随矩阵的秩等于 1，则 b = 3.5 。

课堂练习 3-21

设A是63阶可逆方阵，将A的第12行和第51行对换后得到的矩阵为B。

(1) 证明B可逆；

(2) 求AB^{-1}。

解：

(1) 记$E(12, 51)$是由63阶单位矩阵第12行和第51行对换后得到的初等矩阵，则

$$B = E(12, 51)A$$

于是有

$$|B| = |E(12, 51)||A| = -|A| \neq 0$$

所以B可逆。

(2) $AB^{-1} = A(E(12, 51)A)^{-1} = E(12, 51)^{-1}$

$$= E(12, 51)$$

课堂练习 3-22

问λ为何值时，线性方程组

$$\begin{cases} x_1 + x_3 = \lambda \\ 4x_1 + x_2 + 2x_3 = \lambda + 29 \\ 6x_1 + x_2 + 4x_3 = 2\lambda + 22 \end{cases}$$

有解，并求出解的一般形式。

解：当$\lambda = -7$时，线性方程组有解，并且

$$\begin{pmatrix} x_1 \\ x_2 \\ x_3 \end{pmatrix} = \begin{pmatrix} -1 \\ 2 \\ 1 \end{pmatrix} k + \begin{pmatrix} -7 \\ 50 \\ 0 \end{pmatrix}$$

式中，k为任意常数。

见 1 游 戏

注：请清空下面黄色单元格中的0，然后填写相应的答案。

见 1 游戏 3-1

设E为5阶单位阵，则初等矩阵

$$E(1, 5) = \begin{pmatrix} 0 & 0 & 0 & 0 & 0 \\ 0 & 0 & 0 & 0 & 0 \\ 0 & 0 & 0 & 0 & 0 \\ 0 & 0 & 0 & 0 & 0 \\ 0 & 0 & 0 & 0 & 0 \end{pmatrix}$$

见1游戏3-2

设 E 为 5阶单位阵，则初等矩阵

$$E(4(-3))=\begin{pmatrix}0&0&0&0&0\\0&0&0&0&0\\0&0&0&0&0\\0&0&0&0&0\\0&0&0&0&0\end{pmatrix}$$

见1游戏3-3

设 E 为 5阶单位阵，则初等矩阵

$$E(3\ 5(9))=\begin{pmatrix}0&0&0&0&0\\0&0&0&0&0\\0&0&0&0&0\\0&0&0&0&0\\0&0&0&0&0\end{pmatrix}$$

见1游戏3-4

设 $A=\begin{pmatrix}10&1&4\\9&1&3\\8&0&8\end{pmatrix}$ 的行最简形为 F，求 F，并求一个可逆矩阵 P，使得 PA = F。

解：对 (A|E) 进行行初等变换

$$\begin{pmatrix}0&0&0&0&0&0\\0&0&0&0&0&0\\0&0&0&0&0&0\end{pmatrix}\sim\begin{pmatrix}0&0&0&0&0&0\\0&0&0&0&0&0\\0&0&0&0&0&0\end{pmatrix}\sim\begin{pmatrix}0&0&0&0&0&0\\0&0&0&0&0&0\\0&0&0&0&0&0\end{pmatrix}$$

$$\begin{pmatrix}0&0&0&0&0&0\\0&0&0&0&0&0\\0&0&0&0&0&0\end{pmatrix}$$

则

$$F=\begin{pmatrix}0&0&0\\0&0&0\\0&0&0\end{pmatrix},\quad P=\begin{pmatrix}0&0&0\\0&0&0\\0&0&0\end{pmatrix}$$

见1游戏3-5

$A=\begin{pmatrix}1&-3&1&1&-1\\-1&1&2&1&4\\-2&6&-2&-1&5\\3&-9&3&3&-3\end{pmatrix}$，求矩阵 A 的秩，并求 A 的一个最高阶非零子式。

解：先求 A 的秩，为此对 A 作初等行变换变成行阶梯形矩阵

$$A=\begin{pmatrix}1&-3&1&1&-1\\-1&1&2&1&4\\-2&6&-2&-1&5\\3&-9&3&3&-3\end{pmatrix}\sim\begin{pmatrix}0&0&0&0&0\\0&0&0&0&0\\0&0&0&0&0\\0&0&0&0&0\end{pmatrix}=B$$

将A的行阶梯形矩阵记作B，因B中有 0 个非零行，所以 R(A)= 0

下面求A的一个最高阶非零子式：

因B是A的行阶梯形矩阵，所以存在一个 0 阶可逆矩阵P使得：

$$PA=B$$

将上式写成右列式可得

$$P(a1,\ a2,\ a3,\ a4,\ a5)=(b1,\ b2,\ b3,\ b4,\ b5)$$

则

$$P(a1,\ a2,\ a4)=(b1,\ b2,\ b4)$$

显然 R(b1, b2, b4) = 0

由于P可逆，则 R(a1, a2, a4) = 0，即A的最高阶非零子式一定是 0 阶的。

易知矩阵(a1, a2, a4)的前 0 行为 0 阶方阵，其行列式

$$\begin{vmatrix} 0 & 0 & 0 \\ 0 & 0 & 0 \\ 0 & 0 & 0 \end{vmatrix} = 0 \neq 0$$

因此这个式子便是A的一个最高阶非零子式。

见1游戏3-6

求解矩阵方程AX=B，其中 $A=\begin{pmatrix} 1 & 0 & 0 \\ 2 & 1 & 0 \\ 4 & 2 & 1 \end{pmatrix}$，$B=\begin{pmatrix} 0 & -1 \\ -2 & -1 \\ -2 & 1 \end{pmatrix}$.

解：设可逆矩阵P使PA=F为行最简形，则

$$P(A,\ B)=(F,\ PB)$$

因此对矩阵(A, B)作初等行变换把A变成F，同时把B变成PB。若F=E，则A可逆，且 $P=A^{-1}$，这时所给方程有唯一解 $X=PB=A^{-1}B$。

$$(A,\ B)=\begin{pmatrix} 1 & 0 & 0 & 0 & -1 \\ 2 & 1 & 0 & -2 & -1 \\ 4 & 2 & 1 & -2 & 1 \end{pmatrix} \backsim \begin{pmatrix} 0 & 0 & 0 & 0 & 0 \\ 0 & 0 & 0 & 0 & 0 \\ 0 & 0 & 0 & 0 & 0 \end{pmatrix}$$

$$\backsim \begin{pmatrix} 0 & 0 & 0 & 0 & 0 \\ 0 & 0 & 0 & 0 & 0 \\ 0 & 0 & 0 & 0 & 0 \end{pmatrix}$$

可见 $A \backsim E$，因此A可逆，且

$$X=A^{-1}B=\begin{pmatrix} 0 & 0 \\ 0 & 0 \\ 0 & 0 \end{pmatrix}$$

见1游戏3-7

求矩阵A和B的秩，其中

$$A=\begin{pmatrix} 5 & 0 & 0 \\ 2 & 5 & 1 \\ 12 & 5 & 1 \end{pmatrix},\quad B=\begin{pmatrix} -9 & 8 & 4 & -4 & 8 \\ 0 & 9 & 4 & -1 & -5 \\ 0 & 0 & 0 & 4 & -1 \\ 0 & 0 & 0 & 0 & 0 \end{pmatrix}$$

解：在A中容易看出一个2阶子式

$$\begin{vmatrix} 0 & 0 \\ 0 & 0 \end{vmatrix} \neq 0$$

A的3阶子式只有一个|A|，而|A|= 0，故R(A)= 0

B是一个行阶梯形矩阵，其非零行有3行，即知B的所有4阶子式全为零，而以三个非零行的第一个非零元为对角元的3阶行列式

$$\begin{vmatrix} 0 & 0 & 0 \\ 0 & 0 & 0 \\ 0 & 0 & 0 \end{vmatrix}$$

是一个上三角行列式，不等于 0，故R(B)= 0。

见1游戏3-8

$$A = \begin{pmatrix} 1 & -3 & 1 & 1 & -1 \\ -1 & 1 & 2 & 1 & 4 \\ -2 & 6 & -2 & -1 & 5 \\ 3 & -9 & 3 & 3 & -3 \end{pmatrix}$$，求矩阵A的秩，并求A的一个最高阶非零子式。

解：先求A的秩，为此对A作初等行变换变成行阶梯形矩阵

$$A = \begin{pmatrix} 1 & -3 & 1 & 1 & -1 \\ -1 & 1 & 2 & 1 & 4 \\ -2 & 6 & -2 & -1 & 5 \\ 3 & -9 & 3 & 3 & -3 \end{pmatrix} \sim \begin{pmatrix} 0 & 0 & 0 & 0 & 0 \\ 0 & 0 & 0 & 0 & 0 \\ 0 & 0 & 0 & 0 & 0 \\ 0 & 0 & 0 & 0 & 0 \end{pmatrix} = B$$

将A的行阶梯形矩阵记作B，因B中有 0个非零行，所以R(A)= 0

下面求A的一个最高阶非零子式：

因B是A的行阶梯形矩阵，所以存在一个 0阶可逆矩阵P使得：

$$PA = B$$

将上式写成右列式可得

P(a1，a2，a3，a4，a5)=(b1，b2，b3，b4，b5)

则

P(a1，a2，a4)=(b1，b2，b4)

显然R(b1，b2，b4)= 0

由于P可逆，则R(a1，a2，a4)= 0，即A的最高阶非零子式一定是 0阶的。

易知矩阵(a1，a2，a4)的前 0行为 0阶方阵，其行列式

$$\begin{vmatrix} 0 & 0 & 0 \\ 0 & 0 & 0 \\ 0 & 0 & 0 \end{vmatrix} = 0 \neq 0$$

因此这个式子便是A的一个最高阶非零子式。

见1游戏3-9

设 $A = \begin{pmatrix} -2 & 1 & -1 & 2 \\ -2 & 1 & -2 & 4 \\ 2 & -1 & 1 & -2 \\ -4 & 2 & -2 & 4 \end{pmatrix}$，$b = \begin{pmatrix} -2 \\ -4 \\ 3 \\ -4 \end{pmatrix}$

求矩阵A及矩阵B =（A，b）的秩。

解：

$$B=(A,\ B)=\begin{pmatrix}-2&1&-1&2&-2\\-2&1&-2&4&-4\\2&-1&1&-2&3\\-4&2&-2&4&-4\end{pmatrix}\sim\begin{pmatrix}0&0&0&0&0\\0&0&0&0&0\\0&0&0&0&0\\0&0&0&0&0\end{pmatrix}$$

因此 R(A) = 0， R(B) = 0。

见 1 游戏 3-10

设 $A=\begin{pmatrix}1&2&-1&-5\\1&3&\lambda&2\\-5&-9&-6&\mu\end{pmatrix}$，已知 R(A)= 2，求 λ 和 μ 的值。

解：

$$A\sim\begin{pmatrix}1&0&0&0\\0&0&\lambda+0&0\\0&0&0&\mu-0\end{pmatrix}$$

$$\sim\begin{pmatrix}1&2&0&0\\0&1&\lambda+0&0\\0&0&0-\lambda&\mu-0\end{pmatrix}$$

即 λ = 0， μ = 0。

见 1 游戏 3-11

求解齐次线性方程组

$$\begin{cases}0x_1-1x_2-4x_3-4x_4=0\\1x_1+1x_2+0x_3+7x_4=0\\-1x_1+1x_2+8x_3+1x_4=0\end{cases}$$

解：对系数矩阵A施行初等行变换变为行最简形矩阵

$$A=\begin{pmatrix}0&-1&-4&-4\\1&1&0&7\\-1&1&8&1\end{pmatrix}\sim\begin{pmatrix}0&0&0&0\\0&0&0&0\\0&0&0&0\end{pmatrix}\sim\begin{pmatrix}0&0&0&0\\0&0&0&0\\0&0&0&0\end{pmatrix}$$

即得与原方程组同解的方程组

$$\begin{cases}x_1-0x_3+0x_4=0\\x_2+0x_3+0x_4=0\end{cases}$$

由此即得

$$\begin{cases}x_1=0x_3-0x_4\\x_2=0x_3-0x_4\end{cases}$$

x_3，x_4 可任意取值，令 $x_3=c_1$，$x_4=c_2$，把它写成参数形式：

$$\begin{cases}x_1=0c_1-0c_2\\x_2=0c_1-0c_2\\x_3=c_1\\x_4=c_2\end{cases}$$

式中，c_1，c_2为任意实数，或写成向量形式

$$\begin{pmatrix} x_1 \\ x_2 \\ x_3 \\ x_4 \end{pmatrix} = c_1 \begin{pmatrix} 0 \\ 0 \\ 0 \\ 0 \end{pmatrix} + c_2 \begin{pmatrix} 0 \\ 0 \\ 0 \\ 0 \end{pmatrix}$$

见1游戏3-12

求解非齐次线性方程组

$$\begin{cases} 5x_1 - 2x_2 - 6x_3 - 20x_4 = -4 \\ -2x_1 + 1x_2 + 2x_3 + 8x_4 = 1 \\ 9x_1 - 3x_2 - 12x_3 - 36x_4 = -8 \end{cases}$$

解：对增广矩阵B施行初等行变换

$$B = \begin{pmatrix} 5 & -2 & -6 & -20 & -4 \\ -2 & 1 & 2 & 8 & 1 \\ 9 & -3 & -12 & -36 & -8 \end{pmatrix} \backsim \begin{pmatrix} 0 & 0 & 0 & 0 & 0 \\ 0 & 0 & 0 & 0 & 0 \\ 0 & 0 & 0 & 0 & 0 \end{pmatrix} \backsim \begin{pmatrix} 0 & 0 & 0 & 0 & 0 \\ 0 & 0 & 0 & 0 & 0 \\ 0 & 0 & 0 & 0 & 0 \end{pmatrix}$$

可见 $R(A)=0$，$R(B)=0$，故方程组无解。

见1游戏3-13

求解非齐次线性方程组

$$\begin{cases} -2x_1 - 3x_2 - 8x_3 - 3x_4 = 6 \\ 1x_1 + 1x_2 + 3x_3 + 2x_4 = -1 \\ 4x_1 + 3x_2 + 10x_3 + 9x_4 = 0 \end{cases}$$

解：对增广矩阵B施行初等行变换

$$B = \begin{pmatrix} -2 & -3 & -8 & -3 & 6 \\ 1 & 1 & 3 & 2 & -1 \\ 4 & 3 & 10 & 9 & 0 \end{pmatrix} \backsim \begin{pmatrix} 0 & 0 & 0 & 0 & 0 \\ 0 & 0 & 0 & 0 & 0 \\ 0 & 0 & 0 & 0 & 0 \end{pmatrix} \backsim \begin{pmatrix} 0 & 0 & 0 & 0 & 0 \\ 0 & 0 & 0 & 0 & 0 \\ 0 & 0 & 0 & 0 & 0 \end{pmatrix}$$

即得

$$\begin{cases} x_1 = 0x_3 + 0x_4 + 0 \\ x_2 = 0x_3 + 0x_4 + 0 \\ x_3 = x_3 \\ x_4 = x_4 \end{cases}$$

亦即

$$\begin{pmatrix} x_1 \\ x_2 \\ x_3 \\ x_4 \end{pmatrix} = c_1 \begin{pmatrix} 0 \\ 0 \\ 0 \\ 0 \end{pmatrix} + c_2 \begin{pmatrix} 0 \\ 0 \\ 0 \\ 0 \end{pmatrix} + \begin{pmatrix} 0 \\ 0 \\ 0 \\ 0 \end{pmatrix}$$

式中，c_1，c_2为任意实数。

见1游戏3-14

设有线性方程组

$$\begin{cases}(5+\lambda)x_1 + 8x_2 + 8x_3 = 0\\ 8x_1 + (5+\lambda)x_2 + 8x_3 = -4\\ 8x_1 + 8x_2 + (5+\lambda)x_3 = 4\end{cases}$$

问λ取何值时，此方程组（1）有唯一解；（2）无解；（3）有无限多个解？并在有无限多个解时求其通解。

解：因系数矩阵为方阵，故方程有唯一解的充分必要条件是系数行列式 $|A| \neq 0$，而

$$|A| = \begin{vmatrix}0+\lambda & 0 & 0\\ 0 & 0+\lambda & 0\\ 0 & 0 & 0+\lambda\end{vmatrix} = \begin{vmatrix}0+\lambda & 0+\lambda & 0+\lambda\\ 0 & 0+\lambda & 0\\ 0 & 0 & 0+\lambda\end{vmatrix}$$

$$= (0+\lambda)\begin{vmatrix}0 & 0 & 0\\ 0 & 0+\lambda & 0\\ 0 & 0 & 0+\lambda\end{vmatrix}$$

$$= (0+\lambda)\begin{vmatrix}0 & 0 & 0\\ 0 & 0+\lambda & 0\\ 0 & 0 & 0+\lambda\end{vmatrix}$$

$$= (0+\lambda)(0+\lambda)^2$$

因此，当 $\lambda \neq 0$ 且 $\lambda \neq 0$ 时，方程组有唯一解。

当 $\lambda = 0$ 时，增广矩阵

$$B = \begin{pmatrix}0&0&0&0\\0&0&0&0\\0&0&0&0\end{pmatrix} \backsim \begin{pmatrix}0&0&0&0\\0&0&0&0\\0&0&0&0\end{pmatrix} \backsim \begin{pmatrix}0&0&0&0\\0&0&0&0\\0&0&0&0\end{pmatrix}$$

$$\backsim \begin{pmatrix}0&0&0&0\\0&0&0&0\\0&0&0&0\end{pmatrix}$$

即 $R(A)=0$，$R(B)=0$，故方程组无解。

当 $\lambda = 0$ 时，增广矩阵

$$B = \begin{pmatrix}0&0&0&0\\0&0&0&0\\0&0&0&0\end{pmatrix} \backsim \begin{pmatrix}0&0&0&0\\0&0&0&0\\0&0&0&0\end{pmatrix} \backsim \begin{pmatrix}0&0&0&0\\0&0&0&0\\0&0&0&0\end{pmatrix}$$

$$\backsim \begin{pmatrix}0&0&0&0\\0&0&0&0\\0&0&0&0\end{pmatrix} \backsim \begin{pmatrix}0&0&0&0\\0&0&0&0\\0&0&0&0\end{pmatrix} \backsim \begin{pmatrix}0&0&0&0\\0&0&0&0\\0&0&0&0\end{pmatrix}$$

即 $R(A)=R(B)=0<0$，故方程组有无限多个解，通解为

$$\begin{pmatrix}x_1\\x_2\\x_3\end{pmatrix} = c\begin{pmatrix}0\\0\\0\end{pmatrix} + \begin{pmatrix}0\\0\\0\end{pmatrix}$$

式中，c为任意实数。

4 向量组的线性相关性

4.1 向量组及其线性组合

定义 4-1 向量：n 个数 $a_1,a_2,\cdots,a_n$ 构成的有序数组，记作 $\alpha=(a_1,a_2,\cdots,a_n)$，称为 $\boldsymbol{n}$ 维行向量。

式中 $\boldsymbol{a}_i$ —— 称为向量$\boldsymbol{\alpha}$的第 i 个分量；

$\boldsymbol{a}_i\in\mathbf{R}$ —— 称$\boldsymbol{\alpha}$为实向量(本书只讨论实向量)；

$\boldsymbol{a}_i\in\mathbf{C}$ —— 称$\boldsymbol{\alpha}$为复向量。

零向量：$\boldsymbol{O}=(0,0,\cdots,0)$

负向量：$-\boldsymbol{\alpha}=(-a_1,-a_2,\cdots,-a_n)$

设$\boldsymbol{\alpha}=(a_1,a_2,\cdots,a_n)$，$\boldsymbol{\beta}=(b_1,b_2,\cdots,b_n)$，则

(1)相等：若 $a_i=b_i\,(i=1,2,\cdots,n)\Leftrightarrow\boldsymbol{\alpha}=\boldsymbol{\beta}$；

(2)加法：$\boldsymbol{\alpha}+\boldsymbol{\beta}=(a_1+b_1,a_2+b_2,\cdots,a_n+b_n)$；

(3)数乘：$k\boldsymbol{\alpha}=(ka_1,ka_2,\cdots,ka_n)$；

(4)减法：$\boldsymbol{\alpha}-\boldsymbol{\beta}=(a_1-b_1,a_2-b_2,\cdots,a_n-b_n)$；

(5)列向量：$\gamma=\boldsymbol{\alpha}^{\mathrm{T}}=\begin{pmatrix}a_1\\a_2\\\vdots\\a_n\end{pmatrix}$。

定义 4-2 若干同维数的列向量(同维数的行向量)所组成的集合叫做向量组。

假设矩阵 $\boldsymbol{A}=(a_{ij})_{m\times n}$，若将 $\boldsymbol{A}$ 进行列分块：$\boldsymbol{A}=(\boldsymbol{a}_1,\boldsymbol{a}_2,\cdots,\boldsymbol{a}_n)$，便得到了 n 个 m 维列向量组成的向量组 $\boldsymbol{a}_1,\boldsymbol{a}_2,\cdots,\boldsymbol{a}_n$，通常将此向量组 $\boldsymbol{a}_1,\boldsymbol{a}_2,\cdots,\boldsymbol{a}_n$ 命名为向量组 $\boldsymbol{A}$。

若将 $\boldsymbol{A}$ 进行行分块：

$$A = \begin{pmatrix} \boldsymbol{b}_1 \\ \boldsymbol{b}_2 \\ \vdots \\ \boldsymbol{b}_m \end{pmatrix}$$

便得到了 m 个 n 维行向量组成的向量组 $\boldsymbol{b}_1, \boldsymbol{b}_2, ..., \boldsymbol{b}_m$，此向量组 $\boldsymbol{b}_1, \boldsymbol{b}_2, ..., \boldsymbol{b}_m$ 同样可以命名为向量组 $\boldsymbol{A}$。即由矩阵 $\boldsymbol{A}$ 可以产生一个 m 维列向量组又可以产生一个 n 维行向量组。总之，含有限个向量的有序向量组可以与矩阵一一对应。

定义 4-3 给定向量组 $\boldsymbol{A}$：$\boldsymbol{a}_1, \boldsymbol{a}_2, \cdots, \boldsymbol{a}_n$，对于任何一组实数 $k_1, k_2, \cdots, k_n$，表达式

$$k_1\boldsymbol{a}_1 + k_2\boldsymbol{a}_2 + \cdots + k_m\boldsymbol{a}_m$$

称为向量组 $\boldsymbol{A}$ 的一个线性组合，$k_1, k_2, \cdots, k_n$ 称为这个线性组合的系数。对于向量 $\boldsymbol{b}$，若存在一组数 $\lambda_1, \lambda_2, \cdots, \lambda_n$，使得

$$\boldsymbol{b} = \lambda_1\boldsymbol{a}_1 + \lambda_2\boldsymbol{a}_2 + \cdots + \lambda_m\boldsymbol{a}_n$$

则向量 $\boldsymbol{b}$ 是向量组 $\boldsymbol{A}$ 的线性组合，这时称向量 $\boldsymbol{b}$ 能由向量组 $\boldsymbol{A}$ 线性表示。并称

$$\boldsymbol{b} = (\boldsymbol{a}_1, \boldsymbol{a}_2, \cdots, \boldsymbol{a}_n) \begin{pmatrix} \lambda_1 \\ \lambda_2 \\ \vdots \\ \lambda_m \end{pmatrix}$$

为向量 $\boldsymbol{b}$ 由向量组 $\boldsymbol{A}$ 线性表示的左列式，矩阵 $\begin{pmatrix} \lambda_1 \\ \lambda_2 \\ \vdots \\ \lambda_m \end{pmatrix}$ 为表示矩阵。

课堂练习 4-1

			1				0				-1				-2	
设	a1	=	1	,	a2	=	1	,	a3	=	2	,	b	=	0	,
			5				2				1				-6	
			-1				0				1				2	

证明向量 b 能由向量组 a_1，a_2，a_3 线性表示，并求出表达式。

证明：根据定理 4-1,只需证明矩阵 A＝（a_1，a_2，a_3）的秩与 B＝（A，b）的秩相等，为此，把 B 化成行最简形：

$$B=\begin{pmatrix}1&0&-1&-2\\1&1&2&0\\5&2&1&-6\\-1&0&1&2\end{pmatrix}\backsim\begin{pmatrix}1&0&-1&-2\\0&1&3&2\\0&2&6&4\\0&0&0&0\end{pmatrix}\backsim\begin{pmatrix}1&0&-1&-2\\0&1&3&2\\0&0&0&0\\0&0&0&0\end{pmatrix}$$

可见 R(A)＝R(B)，即向量 b 能由向量组 a_1，a_2，a_3 线性表示。

由上述最简形，可得方程 A x＝b 的通解为

$$x=c\begin{pmatrix}1\\-3\\1\end{pmatrix}+\begin{pmatrix}-2\\2\\0\end{pmatrix}=\begin{pmatrix}1c-2\\-3c+2\\c\end{pmatrix}$$

从而得表达式

$$b=(a_1,a_2,a_3)x$$
$$=(1c-2)a_1+(-3c+2)a_2+c\,a_3$$

式中,c 可为任意实数。

则向量 $\boldsymbol{b}$ 由向量组 $\boldsymbol{a}_1, \boldsymbol{a}_2, \boldsymbol{a}_3$ 线性表示的左列式为

$$\boldsymbol{b}=(\boldsymbol{a}_1,\boldsymbol{a}_2,\boldsymbol{a}_3)\begin{pmatrix}c-2\\-3c+2\\c\end{pmatrix}$$

这里 $\begin{pmatrix}c-2\\-3c+2\\c\end{pmatrix}$ 为表示矩阵。

下面讨论向量 $\boldsymbol{b}$ 能由向量组 $\boldsymbol{A}$ 线性表示的充分必要条件。假设向量 $\boldsymbol{b}$ 能由向量组 $\boldsymbol{A}$ 线性表示，也就是方程组

$$x_1\boldsymbol{a}_1+x_2\boldsymbol{a}_2+\cdots+x_m\boldsymbol{a}_n=\boldsymbol{b}$$

有解。由上章定理 3-4，立即可得以下定理。

定理 4-1 向量 $\boldsymbol{b}$ 能由向量组 $\boldsymbol{A}$: $\boldsymbol{a}_1,\boldsymbol{a}_2,\cdots,\boldsymbol{a}_n$ 线性表示的充分必要条件是矩阵 $\boldsymbol{A}=(\boldsymbol{a}_1,\boldsymbol{a}_2,\cdots,\boldsymbol{a}_n)$ 的秩等于矩阵 $\boldsymbol{B}=(\boldsymbol{a}_1,\boldsymbol{a}_2,\cdots,\boldsymbol{a}_n,\boldsymbol{b})$ 的秩。

定义 4-4 设有两个向量组 $\boldsymbol{A}$: $\boldsymbol{a}_1,\boldsymbol{a}_2,\cdots,\boldsymbol{a}_m$ 及 $\boldsymbol{B}$: $\boldsymbol{b}_1,\boldsymbol{b}_2,\cdots,\boldsymbol{b}_l$，若 $\boldsymbol{B}$ 中的每个向量都能由向量组 $\boldsymbol{A}$ 线性表示，则称向量组 $\boldsymbol{B}$ 能由向量组 $\boldsymbol{A}$ 线性表示，若向量组 $\boldsymbol{A}$ 与向量组 $\boldsymbol{B}$ 能相互线性表示，则称这两个向量组等价。

把向量组 $\boldsymbol{A}$ 和 $\boldsymbol{B}$ 所构成的矩阵依次记作 $\boldsymbol{A}=(\boldsymbol{a}_1,\boldsymbol{a}_2,\cdots,\boldsymbol{a}_m)$ 和 $\boldsymbol{B}=(\boldsymbol{b}_1,\boldsymbol{b}_2,\cdots,\boldsymbol{b}_l)$，向量组 $\boldsymbol{B}$ 能由向量组 $\boldsymbol{A}$ 线性表示，即对于每个向量向量组 $\boldsymbol{b}_j\ (j=1,2,\cdots,l)$ 存在数 $k_{1j},k_{2j},\cdots,k_{mj}$，使

$$\boldsymbol{b}_j=k_{1j}\boldsymbol{a}_1+k_{2j}\boldsymbol{a}_2+\cdots+k_{mj}\boldsymbol{a}_m=(\boldsymbol{a}_1,\boldsymbol{a}_2,\cdots,\boldsymbol{a}_m)\begin{pmatrix}k_{1j}\\k_{2j}\\\vdots\\k_{mj}\end{pmatrix}$$

从而

$$(\boldsymbol{b}_1,\boldsymbol{b}_2,\cdots,\boldsymbol{b}_l)=(\boldsymbol{a}_1,\boldsymbol{a}_2,\cdots,\boldsymbol{a}_m)\begin{pmatrix}k_{11}&k_{12}&\dots&k_{1l}\\k_{21}&k_{22}&\dots&k_{2l}\\\dots&\dots&\dots&\dots\\k_{m1}&k_{m2}&\dots&k_{ml}\end{pmatrix}$$

称上式为向量组 $\boldsymbol{B}$ 由向量组 $\boldsymbol{A}$ 线性表示的左列式，$\begin{pmatrix}k_{11}&k_{12}&\dots&k_{1l}\\k_{21}&k_{22}&\dots&k_{2l}\\\dots&\dots&\dots&\dots\\k_{m1}&k_{m2}&\dots&k_{ml}\end{pmatrix}$ 为表示矩阵。

按照定义4-4，称向量组 $\boldsymbol{B}$: $\boldsymbol{b}_1,\boldsymbol{b}_2,\cdots,\boldsymbol{b}_l$ 能由向量组 $\boldsymbol{A}$: $\boldsymbol{a}_1,\boldsymbol{a}_2,\cdots,\boldsymbol{a}_m$ 线性表示，其含义是存在矩阵 $\boldsymbol{K}_{m\times l}$ 使 $(\boldsymbol{b}_1,\boldsymbol{b}_2,\cdots,\boldsymbol{b}_l)=(\boldsymbol{a}_1,\boldsymbol{a}_2,\cdots,\boldsymbol{a}_m)\boldsymbol{K}$，也就是矩阵方程

$$(\boldsymbol{a}_1,\boldsymbol{a}_2,\cdots,\boldsymbol{a}_m)\boldsymbol{X}=(\boldsymbol{b}_1,\boldsymbol{b}_2,\cdots,\boldsymbol{b}_l)$$

有解。由上章定理3-5，立即可得以下定理。

定理 4-2 向量组 $\boldsymbol{B}$: $\boldsymbol{b}_1,\boldsymbol{b}_2,\cdots,\boldsymbol{b}_l$ 能由向量组 $\boldsymbol{A}$: $\boldsymbol{a}_1,\boldsymbol{a}_2,\cdots,\boldsymbol{a}_m$ 线性表示的充分必要条件是矩阵 $\boldsymbol{A}=(\boldsymbol{a}_1,\boldsymbol{a}_2,\cdots,\boldsymbol{a}_m)$ 的秩等于矩阵 $(\boldsymbol{A},\boldsymbol{B})=(\boldsymbol{a}_1,\boldsymbol{a}_2,\cdots,\boldsymbol{a}_m,\boldsymbol{b}_1,\boldsymbol{b}_2,\cdots,\boldsymbol{b}_l)$ 的秩，即 $R(\boldsymbol{A})=R(\boldsymbol{A},\boldsymbol{B})$。

注：定理4-2说明，若一个向量组加入到另一个向量组后秩不变，则此向量组是“多余”的，该多余的向量组是可以由其他向量组线性表示的。

推论 向量组 $\boldsymbol{A}$: $\boldsymbol{a}_1,\boldsymbol{a}_2,\cdots,\boldsymbol{a}_m$ 与向量组 $\boldsymbol{B}$: $\boldsymbol{b}_1,\boldsymbol{b}_2,\cdots,\boldsymbol{b}_l$ 等价的充分必要条件是

$$R(\boldsymbol{A})=R(\boldsymbol{B})=R(\boldsymbol{A},\boldsymbol{B})$$

证明：因向量组 $\boldsymbol{A}$ 与向量组 $\boldsymbol{B}$ 能相互线性表示，由定理 4-2，知它们等价的充分必要条件是

$$R(\boldsymbol{A})=R(\boldsymbol{A},\boldsymbol{B})\text{ 且 }R(\boldsymbol{B})=R(\boldsymbol{B},\boldsymbol{A})$$

而 $R(\boldsymbol{A},\boldsymbol{B})=R(\boldsymbol{B},\boldsymbol{A})$，合起来即得充分必要条件为

$$R(\boldsymbol{A})=R(\boldsymbol{B})=R(\boldsymbol{A},\boldsymbol{B})$$

证毕。

课堂练习 4-2

设 $a_1=\begin{pmatrix}1\\1\\5\\-2\end{pmatrix}$，$a_2=\begin{pmatrix}0\\1\\2\\0\end{pmatrix}$，$b_1=\begin{pmatrix}-2\\-5\\-16\\4\end{pmatrix}$，$b_2=\begin{pmatrix}1\\3\\9\\-2\end{pmatrix}$，$b_3=\begin{pmatrix}3\\10\\29\\-6\end{pmatrix}$，

证明向量组 a_1，a_2 与向量组 b_1，b_2，b_3 等价。

证　记 $A=(a_1,a_2)$，$B=(b_1,b_2,b_3)$，

根据定理 4-2 的推论，只要证 $R(A)=R(B)=R(A,B)$

为此，将矩阵 (A,B) 化成行最简形：

$$(A,B)=\begin{pmatrix}1&0&-2&1&3\\1&1&-5&3&10\\5&2&-16&9&29\\-2&0&4&-2&-6\end{pmatrix}\sim\begin{pmatrix}1&0&-2&1&3\\0&1&-3&2&7\\0&2&-6&4&14\\0&0&0&0&0\end{pmatrix}$$

$$\sim\begin{pmatrix}1&0&-2&1&3\\0&1&-3&2&7\\0&0&0&0&0\\0&0&0&0&0\end{pmatrix}$$

可见，$R(A)=2$，$R(A,B)=2$。容易看出 B 中有不等于 0 的 2 阶子式，故 $R(B)\geqslant 2$，又

$R(B)\leqslant R(A,B)=2$

于是 $R(B)=2$，因此，$R(A)=R(B)=R(A,B)$。

容易验证向量组 $\boldsymbol{b}_1,\boldsymbol{b}_2,\boldsymbol{b}_3$ 由向量组 $\boldsymbol{a}_1,\boldsymbol{a}_2$ 线性表示的左列式为：

$$(\boldsymbol{b}_1,\boldsymbol{b}_2,\boldsymbol{b}_3)=(\boldsymbol{a}_1,\boldsymbol{a}_2)\begin{pmatrix}-2&1&3\\-3&2&7\end{pmatrix}$$

请读者考虑向量组 $\boldsymbol{a}_1,\boldsymbol{a}_2$ 由向量组 $\boldsymbol{b}_1,\boldsymbol{b}_2,\boldsymbol{b}_3$ 线性表示的左列式。

定理 4-3　设向量组 $\boldsymbol{B}$: $\boldsymbol{b}_1,\boldsymbol{b}_2,\cdots,\boldsymbol{b}_l$ 能由向量组 $\boldsymbol{A}:\boldsymbol{a}_1,\boldsymbol{a}_2,\cdots,\boldsymbol{a}_m$ 线性表示，则 $R(\boldsymbol{b}_1,\boldsymbol{b}_2,\cdots,\boldsymbol{b}_l)\leqslant R(\boldsymbol{a}_1,\boldsymbol{a}_2,\cdots,\boldsymbol{a}_m)$，即 $R(\boldsymbol{B})\leqslant R(\boldsymbol{A})$。

证明: 因向量组 $\boldsymbol{B}$: $\boldsymbol{b}_1,\boldsymbol{b}_2,\cdots,\boldsymbol{b}_l$ 能由向量组 $\boldsymbol{A}$: $\boldsymbol{a}_1,\boldsymbol{a}_2,\cdots,\boldsymbol{a}_m$ 线性表示，所有可以假设向量组 B 由向量组 A 线性表示的左列式为

$$(\boldsymbol{b}_1,\boldsymbol{b}_2,\cdots,\boldsymbol{b}_l)=(\boldsymbol{a}_1,\boldsymbol{a}_2,\cdots,\boldsymbol{a}_m)\boldsymbol{K}$$

由上章定理 3-5 知 $R(b_1,b_2,\cdots,b_l)\leqslant R(a_1,a_2,\cdots,a_m)$

证毕。

例 4-1 设 n 维向量组 $\boldsymbol{A}$: $\boldsymbol{a}_1,\boldsymbol{a}_2,\cdots,\boldsymbol{a}_m$ 构成 $n\times m$ 矩阵 $\boldsymbol{A}=(\boldsymbol{a}_1,\boldsymbol{a}_2,\cdots,\boldsymbol{a}_m)$，$n$ 阶单位矩阵 $\boldsymbol{E}=(\boldsymbol{e}_1,\boldsymbol{e}_2,\cdots,\boldsymbol{e}_n)$ 的列向量叫做 n 维单位坐标向量，证明：n 维单位坐标向量组 $\boldsymbol{e}_1,\boldsymbol{e}_2,\cdots,\boldsymbol{e}_n$ 能由向量组 $\boldsymbol{A}$: $\boldsymbol{a}_1,\boldsymbol{a}_2,\cdots,\boldsymbol{a}_m$ 线性表示的充分必要条件是 $R(\boldsymbol{A})=n$。

证明:

先证⇒：已知 n 维单位坐标向量组 $\boldsymbol{e}_1,\boldsymbol{e}_2,\cdots,\boldsymbol{e}_n$ 能由向量组 $\boldsymbol{A}$: $\boldsymbol{a}_1,\boldsymbol{a}_2,\cdots,\boldsymbol{a}_m$ 线性表示，可设 $\boldsymbol{e}_1,\boldsymbol{e}_2,\cdots,\boldsymbol{e}_n$ 由向量组 $\boldsymbol{A}$: $\boldsymbol{a}_1,\boldsymbol{a}_2,\cdots,\boldsymbol{a}_m$ 线性表示左列式为

$$(\boldsymbol{e}_1,\boldsymbol{e}_2,\cdots,\boldsymbol{e}_n)=(\boldsymbol{a}_1,\boldsymbol{a}_2,\cdots,\boldsymbol{a}_m)\boldsymbol{K}_{m\times n}$$

由上章定理 3-5 知 $R(\boldsymbol{e}_1,\boldsymbol{e}_2,\cdots,\boldsymbol{e}_n)\leqslant R(\boldsymbol{a}_1,\boldsymbol{a}_2,\cdots,\boldsymbol{a}_m)$，即 $n\leqslant R(\boldsymbol{a}_1,\boldsymbol{a}_2,\cdots,\boldsymbol{a}_m)$，又因为矩阵 $\boldsymbol{A}$ 是 $n\times m$ 矩阵，$R(\boldsymbol{a}_1,\boldsymbol{a}_2,\cdots,\boldsymbol{a}_m)\leqslant n$，综上所述有 $R(\boldsymbol{a}_1,\boldsymbol{a}_2,\cdots,\boldsymbol{a}_m)=n$，即 $R(\boldsymbol{A})=n$。

再证⇐：已知 $R(\boldsymbol{A})=n$，则矩阵 $\boldsymbol{A}$ 中有一个 n 阶子式 $\neq 0$，因为矩阵 $\boldsymbol{A}$ 是 $n\times m$ 矩阵，则 $n\leqslant m$，即在矩阵 $\boldsymbol{A}$ 的 m 个列向量中一定可以选出 n 出来，使得由这 n 列组成的方阵为可逆矩阵，不妨假设矩阵 $\boldsymbol{A}$ 的前 n 列组成的方阵为可逆矩阵，于是可设 $\boldsymbol{A}=(\boldsymbol{A}_1,\boldsymbol{A}_2)$，其中 $\boldsymbol{A}_1$ 为 n 阶可逆矩阵，矩阵 $\boldsymbol{A}_2$ 是 $n\times(m-n)$ 矩阵，设零矩阵 $\boldsymbol{O}=\boldsymbol{O}_{(m-n)\times n}$，则

$$\boldsymbol{E}=\boldsymbol{A}_1\boldsymbol{A}_1^{-1}=\boldsymbol{A}_1\boldsymbol{A}_1^{-1}+\boldsymbol{A}_2\boldsymbol{O}=(\boldsymbol{A}_1,\boldsymbol{A}_2)\begin{pmatrix}\boldsymbol{A}_1^{-1}\\\boldsymbol{O}\end{pmatrix}=\boldsymbol{A}\begin{pmatrix}\boldsymbol{A}_1^{-1}\\\boldsymbol{O}\end{pmatrix}$$

上式即为向量组 $\boldsymbol{e}_1,\boldsymbol{e}_2,\cdots,\boldsymbol{e}_n$ 由向量组 $\boldsymbol{A}$: $\boldsymbol{a}_1,\boldsymbol{a}_2,\cdots,\boldsymbol{a}_m$ 线性表示左列式，$\begin{pmatrix}\boldsymbol{A}_1^{-1}\\\boldsymbol{O}\end{pmatrix}$ 为表示矩阵。所以 n 维单位坐标向量组 $\boldsymbol{e}_1,\boldsymbol{e}_2,\cdots,\boldsymbol{e}_n$ 能由向量组 $\boldsymbol{A}$: $\boldsymbol{a}_1,\boldsymbol{a}_2,\cdots,\boldsymbol{a}_m$ 线性表示。

证毕。

注：在例 4-1 的证明过程中，假设了矩阵 $\boldsymbol{A}$ 的前 n 列组成的方阵为可逆矩阵，如果矩阵 $\boldsymbol{A}$ 的前 n 列组成的方阵为不可逆矩阵，由于矩阵 $\boldsymbol{A}$ 存在的 n 列组成的方阵为可逆矩阵，则对矩阵 $\boldsymbol{A}$ 进行适当的列初等变换，就可以将这 n 列调到前 n 列，这相当于存在 m 阶可逆矩阵 $\boldsymbol{P}$ 使得 $\boldsymbol{AP}=(\boldsymbol{B}_1,\boldsymbol{B}_2)$，其中 $\boldsymbol{B}_1$ 为 n 阶可逆矩阵，于是有

$$\boldsymbol{E}=\boldsymbol{B}_1\boldsymbol{B}_1^{-1}=\boldsymbol{B}_1\boldsymbol{B}_1^{-1}+\boldsymbol{B}_2\boldsymbol{O}=(\boldsymbol{B}_1,\boldsymbol{B}_2)\begin{pmatrix}\boldsymbol{B}_1^{-1}\\ \boldsymbol{O}\end{pmatrix}=\boldsymbol{AP}\begin{pmatrix}\boldsymbol{B}_1^{-1}\\ \boldsymbol{O}\end{pmatrix}=\boldsymbol{AK}$$

式中，表示矩阵是 $\boldsymbol{K}=\boldsymbol{P}\begin{pmatrix}\boldsymbol{B}_1^{-1}\\ \boldsymbol{O}\end{pmatrix}$，$\boldsymbol{E}=\boldsymbol{AK}$ 即为向量组 $\boldsymbol{e}_1,\boldsymbol{e}_2,\cdots,\boldsymbol{e}_n$ 由向量组 $\boldsymbol{A}$: $\boldsymbol{a}_1,\boldsymbol{a}_2,\cdots,\boldsymbol{a}_m$ 线性表示左列式。

4.2 向量组的线性相关性

定义 4-5 对 n 维向量组 $\boldsymbol{a}_1,\boldsymbol{a}_2,\cdots,\boldsymbol{a}_m$，若有数组 $k_1,k_2,\cdots,k_m$ 不全为 0，使得

$$k_1\boldsymbol{a}_1+k_2\boldsymbol{a}_2+\cdots+k_m\boldsymbol{a}_m=\boldsymbol{0}$$

称向量组 $\boldsymbol{a}_1,\boldsymbol{a}_2,\cdots,\boldsymbol{a}_m$ 线性相关，否则称为线性无关。

向量组 $\boldsymbol{a}_1,\boldsymbol{a}_2,\cdots,\boldsymbol{a}_m$ 线性相关 $\Leftrightarrow$ 向量 0 由向量组 $\boldsymbol{a}_1,\boldsymbol{a}_2,\cdots,\boldsymbol{a}_m$ 的线性表示左列式中的表示矩阵不是零矩阵。

当 m=1 时，向量组只含一个向量，对于只含一个向量 $\boldsymbol{a}$ 的向量组，若 $\boldsymbol{a}=\boldsymbol{0}$，则 $\boldsymbol{a}$ 线性相关；若 $\boldsymbol{a}\neq\boldsymbol{0}$，则 $\boldsymbol{a}$ 线性无关。当 m=2 时，向量组含两个向量 $\boldsymbol{a}_1$，$\boldsymbol{a}_2$，它线性相关的充分必要条件是 $\boldsymbol{a}_1$，$\boldsymbol{a}_2$ 的分量对应成比例，其几何意义是 $\boldsymbol{a}_1$，$\boldsymbol{a}_2$ 共线。当 m=3 时，其几何意义是三个向量共面。

定理 4-4 向量组 $\boldsymbol{a}_1,\boldsymbol{a}_2,\cdots,\boldsymbol{a}_m$，$m\geqslant 2$ 线性相关 $\Leftrightarrow$ 其中至少有一个向量可由其余 $m-1$ 个向量线性表示。

证明：

$\Rightarrow$: 已知 $\boldsymbol{a}_1,\boldsymbol{a}_2,\cdots,\boldsymbol{a}_m$ 线性相关，则存在 $k_1,k_2,\cdots,k_m$ 不全为零，使得

$$k_1\boldsymbol{a}_1+k_2\boldsymbol{a}_2+\cdots+k_m\boldsymbol{a}_m=0$$

不妨设 $k_1\neq 0$，则有 $\boldsymbol{a}_1=\left(-\dfrac{k_2}{k_1}\right)\boldsymbol{a}_2+\cdots+\left(-\dfrac{k_m}{k_1}\right)\boldsymbol{a}_m$。

再证$\Leftarrow$：　不妨设$\boldsymbol{a}_1=k_2\boldsymbol{a}_2+\cdots+k_m\boldsymbol{a}_m$，则有

$$-\boldsymbol{a}_1+k_2\boldsymbol{a}_2+\cdots+k_m\boldsymbol{a}_m=0$$

因为$-1,k_2,\cdots,k_m$不全为零，所以$\boldsymbol{a}_1,\boldsymbol{a}_2,\cdots,\boldsymbol{a}_m$线性相关。

证毕。

注：定理4-4说明，若一个向量组线性相关，则必有一个向量是“多余”的，该多余的向量是可以由其他向量线性表示。

定理 4-5　若$R(\boldsymbol{a}_1,\boldsymbol{a}_2,\cdots,\boldsymbol{a}_m)=R(\boldsymbol{a}_1,\boldsymbol{a}_2,\cdots,\boldsymbol{a}_m,\boldsymbol{b})$，则$\boldsymbol{b}$可由$\boldsymbol{a}_1,\boldsymbol{a}_2,\cdots,\boldsymbol{a}_m$线性表示；若向量组$\boldsymbol{a}_1,\boldsymbol{a}_2,\cdots,\boldsymbol{a}_m$线性无关，$\boldsymbol{a}_1,\boldsymbol{a}_2,\cdots,\boldsymbol{a}_m,\boldsymbol{b}$线性相关，则$\boldsymbol{b}$可由$\boldsymbol{a}_1,\boldsymbol{a}_2,\cdots,\boldsymbol{a}_m$线性表示，且表示式唯一。

证明：若$R(\boldsymbol{a}_1,\boldsymbol{a}_2,\cdots,\boldsymbol{a}_m)=R(\boldsymbol{a}_1,\boldsymbol{a}_2,\cdots,\boldsymbol{a}_m,\boldsymbol{b})$，则方程组

$$(\boldsymbol{a}_1,\boldsymbol{a}_2,\cdots,\boldsymbol{a}_m)\boldsymbol{x}=\boldsymbol{b}$$

有解，即$\boldsymbol{b}$可由$\boldsymbol{a}_1,\boldsymbol{a}_2,\cdots,\boldsymbol{a}_m$线性表示。

若向量组$\boldsymbol{a}_1,\boldsymbol{a}_2,\cdots,\boldsymbol{a}_m$线性无关，而$\boldsymbol{a}_1,\boldsymbol{a}_2,\cdots,\boldsymbol{a}_m,\boldsymbol{b}$线性相关，所以存在数组$k_1,k_2,\cdots,k_m,k$不全为零，使得

$$k_1\boldsymbol{a}_1+k_2\boldsymbol{a}_2+\cdots+k_m\boldsymbol{a}_m+k\boldsymbol{b}=0$$

若　k=0，则有　$k_1\boldsymbol{a}_1+k_2\boldsymbol{a}_2+\cdots+k_m\boldsymbol{a}_m=0$，于是$k_1=0$，$k_2=0,\cdots,k_m=0,k=0$。矛盾，故$k\neq0$，从而有

$$\boldsymbol{b}=\left(-\frac{k_1}{k}\right)\boldsymbol{a}_1+\cdots+\left(-\frac{k_m}{k}\right)\boldsymbol{a}_m$$

下面证明表示式唯一：

若　$\boldsymbol{b}=\lambda_1\boldsymbol{a}_1+\cdots+\lambda_m\boldsymbol{a}_m$，$\boldsymbol{b}=\mu_1\boldsymbol{a}_1+\cdots+\mu_m\boldsymbol{a}_m$

则有　$(\lambda_1-\mu_1)\boldsymbol{a}_1+\cdots+(\lambda_m-\mu_m)\boldsymbol{a}_m=0$

因为$\boldsymbol{a}_1,\boldsymbol{a}_2,\cdots,\boldsymbol{a}_m$线性无关，所以

$\lambda_1-\mu_1=0,\cdots,\lambda_m-\mu_m=0$ 即 $\lambda_1=\mu_1,\cdots,\lambda_m=\mu_m$

故$\boldsymbol{b}$的表示式唯一。

证毕。

注：定理4-5说明，$R(\boldsymbol{a}_1,\boldsymbol{a}_2,\cdots,\boldsymbol{a}_m)=R(\boldsymbol{a}_1,\boldsymbol{a}_2,\cdots,\boldsymbol{a}_m,\boldsymbol{b})$表示将$\boldsymbol{b}$加入到向量组$\boldsymbol{a}_1,\boldsymbol{a}_2,\cdots,\boldsymbol{a}_m$里后并不改变向量组的秩，那么，向量$\boldsymbol{b}$是“多余”的，该多余的向量是可以由其他向量$\boldsymbol{a}_1,\boldsymbol{a}_2,\cdots,\boldsymbol{a}_m$线性表示。若向量组$\boldsymbol{a}_1,\boldsymbol{a}_2,\cdots,\boldsymbol{a}_m$线性相关，此时向量$\boldsymbol{b}$不但可以由向量组

$a_1,a_2,\cdots,a_m$ 线性表示，而且其线性表示式唯一。

定理 4-6 $a_1,a_2,\cdots,a_r$ 线性相关 $\Rightarrow a_1,a_2,\cdots,a_r,a_{r+1},\cdots,a_m\ (m>r)$ 线性相关。

证明：因为 $a_1,a_2,\cdots,a_r$ 线性相关，所以存在数组 $k_1,k_2,\cdots,k_r$ 不全为零，使得

$$k_1a_1+k_2a_2+\cdots+k_ra_r=0$$

$$\Rightarrow\quad k_1a_1+k_2a_2+\cdots+k_ra_r+0a_r+\cdots+0a_m=0$$

数组 $k_1,k_2,\cdots,k_r,0,\cdots,0$ 不全为零，故 $a_1,a_2,\cdots,a_r,a_{r+1},\cdots,a_m$ 线性相关。

证毕。

推论 4-1 含零向量的向量组线性相关。

推论 4-2 向量组线性无关 $\Rightarrow$ 任意的部分组线性无关。

定理 4-7 设 $a_i=(a_{i1},a_{i2},\cdots,a_{in})\,(i=1,2,\cdots,m)$

$$A=\begin{pmatrix}a_1\\a_2\\\cdots\\a_m\end{pmatrix}=\begin{pmatrix}a_{11}&a_{12}&\dots&a_{1n}\\a_{21}&a_{22}&\dots&a_{2n}\\\dots&\dots&\dots&\dots\\a_{m1}&a_{m2}&\dots&a_{mn}\end{pmatrix}$$

(1) $a_1,a_2,\cdots,a_m$ 线性相关 $\Leftrightarrow R(A)<m$；

(2) $a_1,a_2,\cdots,a_m$ 线性无关 $\Leftrightarrow R(A)=m$。

证明：(1) $a_1,a_2,\cdots,a_m$ 线性相关 $\Leftrightarrow A^{\mathrm T}x=0$ 有非零解 $\Leftrightarrow R(A)<m$

(2) $a_1,a_2,\cdots,a_m$ 线性无关 $\Leftrightarrow A^{\mathrm T}x=0$ 只有零解 $\Leftrightarrow R(A)=m$

证毕。

注：定理 4-7 是判别一个向量组是否线性相关、是否线性无关的最行之有效的方法。

推论 4-1 当 $m=n$ 时，有

(1) $a_1,a_2,\cdots,a_m$ 线性相关 $\Leftrightarrow |A|=0$；

(2) $a_1,a_2,\cdots,a_m$ 线性无关 $\Leftrightarrow |A|\neq 0$。

推论 4-2 当 $m<n$ 时，有

(1) $\boldsymbol{a}_1,\boldsymbol{a}_2,\cdots,\boldsymbol{a}_m$ 线性相关$\Leftrightarrow\boldsymbol{A}$ 中所有的 $\boldsymbol{m}$ 阶子式 $\boldsymbol{D}_m=\boldsymbol{0}$；

(2) $\boldsymbol{a}_1,\boldsymbol{a}_2,\cdots,\boldsymbol{a}_m$ 线性无关$\Leftrightarrow\boldsymbol{A}$ 中至少有一个 $\boldsymbol{m}$ 阶子式 $\boldsymbol{D}_m\neq\boldsymbol{0}$。

推论 4-3　当 $\boldsymbol{m}>\boldsymbol{n}$ 时，必有 $\boldsymbol{a}_1,\boldsymbol{a}_2,\cdots,\boldsymbol{a}_m$ 线性相关。

因为 $R(A)\leqslant n<m$，由定理 4-7(1)即得。

例 4-2　讨论 n 维单位坐标向量组的线性相关性。

解：n 维单位坐标向量组构成的矩阵

$$\boldsymbol{E}=(\boldsymbol{e}_1,\boldsymbol{e}_2,\cdots,\boldsymbol{e}_n)$$

是 $\boldsymbol{n}$ 阶单位矩阵，由 $|\boldsymbol{E}|=1\neq0$，知 $R(\boldsymbol{E})=n$，由定理 4-7(2)知此向量组是线性无关的。

课堂练习 4-3

已知 $a_1=\begin{pmatrix}1\\2\\-4\end{pmatrix}$，$a_2=\begin{pmatrix}3\\7\\-13\end{pmatrix}$，$a_3=\begin{pmatrix}3\\5\\-11\end{pmatrix}$，试讨论向量组 a_1，a_2，a_3 及向量组 a_1，a_2 的线性相关性。

解：对矩阵（a_1，a_2，a_3）施行初等行变换变成行阶梯形矩阵，即可同时看出矩阵（a_1，a_2，a_3）及（a_1，a_2）的秩。利用定理 4-4 即可得出结论。

$$(a_1,a_2,a_3)=\begin{pmatrix}1&3&3\\2&7&5\\-4&-13&-11\end{pmatrix}\sim\begin{pmatrix}1&3&3\\0&1&-1\\0&-1&1\end{pmatrix}\sim\begin{pmatrix}1&3&3\\0&1&-1\\0&0&0\end{pmatrix}$$

可见 $R(a_1,a_2,a_3)=2$，故向量组 a_1，a_2，a_3 线性相关，同时可见 $R(a_1,a_2)=2$，故向量组 a_1，a_2 线性无关。

课堂练习 4-4

已知向量组 a_1，a_2，a_3 线性无关，$b_1=a_1-4a_2$，$b_2=a_2+4a_3$，$b_3=a_3-21a_1$，试证向量组 b_1，b_2，b_3 线性无关。

证：将已知条件写成左列式有：

$$(b_1,b_2,b_3)=(a_1,a_2,a_3)\begin{pmatrix}1&0&1\\-4&1&0\\0&4&-21\end{pmatrix}$$

而 $\begin{vmatrix}1&0&1\\-4&1&0\\0&4&-21\end{vmatrix}=-37\neq0$，则矩阵 $\begin{pmatrix}1&0&1\\-4&1&0\\0&4&-21\end{pmatrix}$ 可逆，

所以向量组 a_1，a_2，a_3 与向量组 b_1，b_2，b_3 等价，又因为 a_1，a_2，a_3 线性无关，所以 b_1，b_2，b_3 线性无关。

课堂练习 4-5

在下面的空中填写“相关”或“无关”

$$a_1=\begin{pmatrix}9\\4\\1\end{pmatrix},\quad a_2=\begin{pmatrix}0\\8\\5\end{pmatrix},\quad a_3=\begin{pmatrix}7\\8\\11\end{pmatrix},$$

则 a_1，a_2，a_3 线性 无关 。

课堂练习 4-6

设

$$b_1 = 1a_1 + 2a_2 + 1a_3 + 2a_4$$
$$b_2 = 3a_1 + 7a_2 + 3a_3 + 5a_4$$
$$b_3 = 3a_1 + 7a_2 + 4a_3 + 6a_4$$
$$b_4 = 3a_1 + 6a_2 + 4a_3 + 7a_4$$

证明向量组 b_1，b_2，b_3，b_4 线性相关。

证明：因为

$$\left(b_1\ b_2\ b_3\ b_4\right)=\left(a_1\ a_2\ a_3\ a_4\right)\begin{pmatrix}1&2&1&2\\3&7&3&5\\3&7&4&6\\3&6&4&7\end{pmatrix}$$

上式最右边矩阵的行列式 $=\begin{vmatrix}1&2&1&2\\3&7&3&5\\3&7&4&6\\3&6&4&7\end{vmatrix}=-0$，

所以其矩阵的秩等于 4，又因为

$$R(b_1\ b_2\ b_3\ b_4)\leqslant R\begin{pmatrix}1&2&1&2\\3&7&3&5\\3&7&4&6\\3&6&4&7\end{pmatrix}<4$$

故向量组 b_1，b_2，b_3，b_4 线性相关。

证毕。

课堂练习 4-7

设 $\alpha_1=(1,\ 1,\ 1)$、$\alpha_2=(1,\ 2,\ 3)$、$\alpha_3=(5,\ 7,\ t)$ 线性相关，则 $t=$ 9 。

课堂练习 4-8

设向量组 $\alpha_1=\begin{pmatrix}1\\0\\1\end{pmatrix}$，$\alpha_2=\begin{pmatrix}0\\6\\6\end{pmatrix}$，$\alpha_3=\begin{pmatrix}1\\-3\\-1\end{pmatrix}$ 不能由向量组 $\beta_1=\begin{pmatrix}1\\1\\1\end{pmatrix}$，$\beta_2=\begin{pmatrix}1\\2\\-7\end{pmatrix}$，$\beta_3=\begin{pmatrix}-5\\-4\\a\end{pmatrix}$ 线性表示。

（1）求 a 的值；

（2）将 β_1， β_2， β_3 用 α_1， α_2， α_3 线性表示。

解：（1）因为行列式

$$|\alpha_1\ \alpha_2\ \alpha_3| = \begin{vmatrix} 1 & 0 & 1 \\ 0 & 6 & -3 \\ 1 & 6 & -1 \end{vmatrix} = 6 \neq 0$$

所以 α_1， α_2， α_3 线性无关。那么 α_1， α_2， α_3 不能由 β_1， β_2， β_3 线性表示 $\Longleftrightarrow$ β_1， β_2， β_3 线性相关，

即

$$|\beta_1\ \beta_2\ \beta_3| = \begin{vmatrix} 1 & 1 & -5 \\ 1 & 2 & -4 \\ 1 & -7 & a \end{vmatrix} = 0$$

所以 a = -13

（2）

$$\beta_1 = 2\ \alpha_1 + -0.333\ \alpha_2 + -1\ \alpha_3$$

$$\beta_2 = 11\ \alpha_1 + -4.667\ \alpha_2 + -10\ \alpha_3$$

$$\beta_3 = -1\ \alpha_1 + -2.667\ \alpha_2 + -4\ \alpha_3$$

例 4-3 设向量组 $\boldsymbol{a}_1,\boldsymbol{a}_2,\boldsymbol{a}_3$ 线性相关，向量组 $\boldsymbol{a}_2,\boldsymbol{a}_3,\boldsymbol{a}_4$ 线性无关，证明：

(1) $\boldsymbol{a}_1$ 能由 $\boldsymbol{a}_2,\boldsymbol{a}_3$ 线性表示；

(2) $\boldsymbol{a}_4$ 不能由 $\boldsymbol{a}_1,\boldsymbol{a}_2,\boldsymbol{a}_3$ 线性表示。

证明：(1)因 $\boldsymbol{a}_2,\boldsymbol{a}_3,\boldsymbol{a}_4$ 线性无关，由定理 4-6 的推论 4-2 知 $\boldsymbol{a}_2,\boldsymbol{a}_3$ 线性无关，而 $\boldsymbol{a}_1,\boldsymbol{a}_2,\boldsymbol{a}_3$ 线性相关，由定理 4-6 知，$\boldsymbol{a}_1$ 能由 $\boldsymbol{a}_2,\boldsymbol{a}_3$ 线性表示。

(2)用反证法。假设 $\boldsymbol{a}_4$ 能由 $\boldsymbol{a}_1,\boldsymbol{a}_2,\boldsymbol{a}_3$ 线性表示，而由(1)知 $\boldsymbol{a}_1$ 能由 $\boldsymbol{a}_2,\boldsymbol{a}_3$ 线性表示，因此 $\boldsymbol{a}_4$ 能由 $\boldsymbol{a}_2,\boldsymbol{a}_3$ 线性表示，这与 $\boldsymbol{a}_2,\boldsymbol{a}_3,\boldsymbol{a}_4$ 线性无关矛盾。

证毕。

4.3 向量组的秩

定义 4-6 设向量组为 $\boldsymbol{A}$，若

(1) 在 $\boldsymbol{A}$ 中有 r 个向量 $\boldsymbol{a}_1,\boldsymbol{a}_2,\cdots,\boldsymbol{a}_r$ 线性无关；

(2) 在 $\boldsymbol{A}$ 中任意 r+1 个向量线性相关(如果有 r+1 个向量的话)。

称 $\boldsymbol{a}_1,\boldsymbol{a}_2,\cdots,\boldsymbol{a}_r$ 为向量组为 $\boldsymbol{A}$ 的一个最大线性无关组，称 r 为向量组 $\boldsymbol{A}$ 的秩，记作：秩 $R(\boldsymbol{A})=r$。

注：(1) 向量组中的向量都是零向量时，其秩为 0。

(2) 秩 $R(A)=r$ 时, $\boldsymbol{A}$ 中任意 r 个线性无关的向量都是 $\boldsymbol{A}$ 的一个最大无关组。

(3) 向量组与它的最大无关组等价, 向量组的任意两个最大无关组等价。

(4) 任意加入一个向量到向量组 $\boldsymbol{a}_1,\boldsymbol{a}_2,\cdots,\boldsymbol{a}_r$ 中都不会改变向量组的秩, 即任意新加入的向量都是多余的。于是定义 4-6 也可以叙述为:

设向量组为 $\boldsymbol{A}$, 若在 $\boldsymbol{A}$ 中有 r 个向量 $\boldsymbol{a}_1,\boldsymbol{a}_2,\cdots,\boldsymbol{a}_r$ 线性无关, 并且在 $\boldsymbol{A}$ 中任意一个向量都可以由 $\boldsymbol{a}_1,\boldsymbol{a}_2,\cdots,\boldsymbol{a}_r$ 线性表示。称 $\boldsymbol{a}_1,\boldsymbol{a}_2,\cdots,\boldsymbol{a}_r$ 为向量组为 $\boldsymbol{A}$ 的一个最大线性无关组。

例 4-4　$\boldsymbol{\alpha}_1=\begin{pmatrix}1\\0\end{pmatrix}$, $\boldsymbol{\alpha}_2=\begin{pmatrix}0\\1\end{pmatrix}$, $\boldsymbol{\alpha}_3=\begin{pmatrix}1\\1\end{pmatrix}$, $\boldsymbol{\alpha}_4=\begin{pmatrix}2\\2\end{pmatrix}$的秩为 2。

$\boldsymbol{\alpha}_1,\boldsymbol{\alpha}_2$ 线性无关 $\Rightarrow\boldsymbol{\alpha}_1,\boldsymbol{\alpha}_2$ 是一个最大无关组;

$\boldsymbol{\alpha}_1,\boldsymbol{\alpha}_3$ 线性无关$\Rightarrow\boldsymbol{\alpha}_1,\boldsymbol{\alpha}_3$ 是一个最大无关组。

例 4-4 说明, 一个向量组的最大无关组不唯一。

定理 4-8　矩阵的秩等于它的列向量组的秩, 也等于它的行向量组的秩。

证明: 设 $\boldsymbol{A}=(\boldsymbol{a}_1,\boldsymbol{a}_2,\cdots,\boldsymbol{a}_n)$, $R(A)=r$, 并设 r 阶子式 $D_r\neq0$, 则 D_r 所在的 r 列线性无关; 又由 $\boldsymbol{A}$ 中所有 $r+1$ 阶子式均为零, 知 $\boldsymbol{A}$ 中任意 $r+1$ 个列向量都线性相关, 因此 D_r 所在的 r 列是 $\boldsymbol{A}$ 的列向量组中的最大无关组, 所以 $\boldsymbol{A}$ 的列向量组的秩等于 r。

类似可证 $\boldsymbol{A}$ 的行向量组的秩等于 r。

证毕。

今后, 向量组 $\boldsymbol{a}_1,\boldsymbol{a}_2,\cdots,\boldsymbol{a}_n$ 的秩也记作 $R(\boldsymbol{a}_1,\boldsymbol{a}_2,\cdots,\boldsymbol{a}_n)$。

课堂练习 4-9

设齐次线性方程组

$$\begin{cases}-7x_1+2x_2-32x_3+27x_4=0\\-4x_1+1x_2-18x_3+15x_4=0\\9x_1-3x_2+42x_3-36x_4=0\end{cases}$$

的全体向量构成的向量组为S，求S的秩。

解：

$$A=\begin{pmatrix}-7&2&-32&27\\-4&1&-18&15\\9&-3&42&-36\end{pmatrix}\sim\begin{pmatrix}1&0&4&-3\\-4&1&-18&15\\9&-3&42&-36\end{pmatrix}\sim\begin{pmatrix}1&0&4&-3\\0&1&-2&3\\0&-3&6&-9\end{pmatrix}\sim\begin{pmatrix}1&0&4&-3\\0&1&-2&3\\0&0&0&0\end{pmatrix}$$

r1 +(-2)×r2

得 $\begin{cases}x_1=-4x_3-3x_4\\x_2=2x_3+3x_4\end{cases}$

令自由未知数 $x_3=c_1$，$x_4=c_2$，得通解

$$\begin{pmatrix}x_1\\x_2\\x_3\\x_4\end{pmatrix}=c_1\begin{pmatrix}-4\\2\\1\\0\end{pmatrix}+c_2\begin{pmatrix}3\\-3\\0\\1\end{pmatrix}$$

则 $\begin{pmatrix}-4\\2\\1\\0\end{pmatrix}$，$\begin{pmatrix}3\\-3\\0\\1\end{pmatrix}$ 是 S 的最大无关组，故 R(S) = 2。

定理 4-9 设两个同型矩阵 $\boldsymbol{A}_{m\times n}$, $\boldsymbol{B}_{m\times n}$

(1) 若 $\boldsymbol{A}^r\sim\boldsymbol{B}$, 则"$\boldsymbol{A}$ 的 $c_1,c_2,\cdots,c_k$ 列"线性相关(线性无关)$\Leftrightarrow$
"$\boldsymbol{B}$ 的 $c_1,c_2,\cdots,c_k$ 列"线性相关(线性无关);

(2) 若 $\boldsymbol{A}^c\sim\boldsymbol{B}$, 则"$\boldsymbol{A}$ 的 $r_1,r_2,\cdots,r_k$ 行"线性相关(线性无关)$\Leftrightarrow$
"$\boldsymbol{B}$ 的 $r_1,r_2,\cdots,r_k$ 行"线性相关(线性无关)。

证明：(1) 设 $\boldsymbol{A}=(a_1,a_2,\cdots,a_n)$，$\boldsymbol{B}=(b_1,b_2,\cdots,b_n)$，

由 $\boldsymbol{A}^r\sim\boldsymbol{B}$ 知, 存在 m 阶可逆矩阵 $\boldsymbol{P}$, 使得 $\boldsymbol{PA}=\boldsymbol{B}$, 其右列式为

$$\boldsymbol{P}(a_1,a_2,\cdots,a_n)=(b_1,b_2,\cdots,b_n)$$

即
$$\boldsymbol{P}a_i=b_i\ (i=1,2,\cdots,n)$$

从而
$$\boldsymbol{P}a_{c_i}=b_{c_i}\ (i=1,2,\cdots,k)$$

即
$$\boldsymbol{P}\left(a_{c_1},a_{c_2},\cdots,a_{c_k}\right)=\left(b_{c_1},b_{c_2},\cdots,b_{c_k}\right)$$

因 $\boldsymbol{P}$ 可逆, 则"$\boldsymbol{A}$ 的 $c_1,c_2,\cdots,c_k$ 列"线性相关(线性无关)$\Leftrightarrow$
"$\boldsymbol{B}$ 的 $c_1,c_2,\cdots,c_k$ 列"线性相关(线性无关)

同理可证(2)。

证毕。

课堂练习 4-10

设矩阵

$$A=\begin{pmatrix}22&9&-102&3&-85\\3&1&-13&0&-13\\7&3&-33&1&-27\\-1&0&3&0&4\end{pmatrix}$$

求矩阵A的列向量组的一个最大无关组，并把不属于最大无关组的列向量用最大无关组线性表示。

解：

$$A=\begin{pmatrix}22&9&-102&3&-85\\3&1&-13&0&-13\\7&3&-33&1&-27\\-1&0&3&0&4\end{pmatrix}\sim\begin{pmatrix}1&0&-3&0&-4\\3&1&-13&0&-13\\7&3&-33&1&-27\\-1&0&3&0&4\end{pmatrix}\sim\begin{pmatrix}1&0&-3&0&-4\\0&1&-4&0&-1\\0&3&-12&1&1\\0&0&0&0&0\end{pmatrix}$$

r1 +(-3)× r3

$$\sim\begin{pmatrix}1&0&-3&0&-4\\0&1&-4&0&-1\\0&0&0&1&4\\0&0&0&0&0\end{pmatrix}=B$$

即矩阵B是矩阵A的行最简形，则存在可逆矩阵K，使得KA=B，显然该式的右列式为

$$K(a_1, a_2, a_3, a_4, a_5)=(b_1, b_2, b_3, b_4, b_5)$$

即 $Ka_i=b_i$ (i=1, 2, 3, 4, 5)

则 $K(a_1, a_2, a_4)=(b_1, b_2, b_4)$

显然向量组 b_1, b_2, b_3, b_4, b_5 的一个最大无关组是 b_1, b_2, b_4，即 $R(b_1, b_2, b_4)=3$，而K可逆，则 $R(a_1, a_2, a_4)=3$，若A的列向量组的一个最大无关组由4个列向量组成，则对应B中必然有4个列向量线性无关，这与 b_1, b_2, b_4 是 b_1, b_2, b_3, b_4, b_5 的一个最大无关组矛盾，故向量组 a_1, a_2, a_4 为向量组 a_1, a_2, a_3, a_4, a_5 的一个最大无关组。

由 $b_3=-3b_1+4b_2$

$b_5=-4b_1-1b_2-4b_4$

即 $Ka_3=-3Ka_1+4Ka_2$

$Ka_5=-4Ka_1-1Ka_2-4Ka_4$

所以

$a_3=-3a_1+4a_2$

$a_5=-4a_1-1a_2-4a_4$

课堂练习 4-11

已知向量组

$\alpha_1=(1, 2, 3, 4)$，$\alpha_2=(2, 3, 4, 5)$，

$\alpha_3=(3, 4, 5, 6)$，$\alpha_4=(4, 5, 6, 8)$，

则该向量组的秩是 3。

课堂练习 4-12

已知 $\alpha_1=(1,\ 0,\ 2,\ 3)$，$\alpha_2=(1,\ 1,\ 3,\ 5)$，$\alpha_3=(1,\ -1,\ a+21,\ 1)$，$\alpha_4=(1,\ 2,\ 4,\ a+27)$ 及 $\beta=(1,\ 1,\ b+25,\ 5)$，则当 $a=-20$ 且 $b\neq-22$ 时，β 不能表示成 α_1，α_2，α_3，α_4 的线性组合。

课堂练习 4-13

已知向量组 $\beta_1=\begin{pmatrix}0\\1\\-1\end{pmatrix}$，$\beta_2=\begin{pmatrix}a\\2\\1\end{pmatrix}$，$\beta_3=\begin{pmatrix}b\\1\\0\end{pmatrix}$

与向量组 $\alpha_1=\begin{pmatrix}1\\2\\-7\end{pmatrix}$，$\alpha_2=\begin{pmatrix}3\\0\\6\end{pmatrix}$，$\alpha_3=\begin{pmatrix}9\\6\\-9\end{pmatrix}$

具有相同的秩，且 β_3 可由 α_1，α_2，α_3 线性表示。求 a，b 的值。

解：因 β_3 可由 α_1，α_2，α_3 线性表示，故方程组

$$\begin{pmatrix}1&3&9\\2&0&6\\-7&6&-9\end{pmatrix}\begin{pmatrix}x_1\\x_2\\x_3\end{pmatrix}=\begin{pmatrix}b\\1\\0\end{pmatrix}$$

对增广矩阵施行初等行变换：

$$\begin{pmatrix}1&3&9&b\\2&0&6&1\\-7&6&-9&0\end{pmatrix}\longrightarrow\begin{pmatrix}1&3&9&b\\0&-6&-12&1-2b\\0&27&54&7b\end{pmatrix}$$

令 $A=(\alpha_1,\ \alpha_2,\ \alpha_3)$，易知 $r(A)=2$，则增广矩阵的秩也为 2，则对增广矩阵施行初等行变换后的矩阵的后两行成比例，从而 $b=2.25$。

由 β_1，β_2，β_3 的秩 $=2$，知 $|\beta_1,\ \beta_2,\ \beta_3|=0$，即

$$\begin{vmatrix}0&a&2.3\\1&2&1\\-1&1&0\end{vmatrix}=0,$$ 则 $a=6.75$。

课堂练习 4-14

已知 $\alpha_1=\begin{pmatrix}1\\4\\0\\2\end{pmatrix}$，$\alpha_2=\begin{pmatrix}2\\7\\1\\3\end{pmatrix}$，$\alpha_3=\begin{pmatrix}0\\7\\-7\\a\end{pmatrix}$，$\beta=\begin{pmatrix}3\\3\\b\\-3\end{pmatrix}$

问：(1) a，b 取何值时，β 不能由 α_1，α_2，α_3 线性表出？

(2) a，b 取何值时，β 能由 α_1，α_2，α_3 线性表出？并写出此表示式。

解：(1) 对 $[\alpha_1,\ \alpha_2,\ \alpha_3,\ \beta]$ 作初等行变换有

$$\begin{pmatrix}1&2&0&3\\4&7&7&3\\0&1&-7&b\\2&3&a&-3\end{pmatrix}\sim\begin{pmatrix}1&2&0&3\\0&-1&7&-9\\0&1&-7&b\\0&-1&a&-9\end{pmatrix}\sim\begin{pmatrix}1&2&0&3\\0&-1&7&-9\\0&0&0&b-9\\0&0&a-7&0\end{pmatrix}$$

$$\sim\begin{pmatrix}1&2&0&3\\0&1&-7&9\\0&0&a-7&0\\0&0&0&b-9\end{pmatrix}\sim\begin{pmatrix}1&0&14&-15\\0&1&-7&9\\0&0&a-7&0\\0&0&0&b-9\end{pmatrix}$$

当 $b \neq 9$ 时，β 不能由 α_1，α_2，α_3 线性表出。

(2) 当 $b=9$，$a \neq 7$ 时，β 可由 α_1，α_2，α_3 唯一表示为 $\beta = -15\alpha_1 + 9\alpha_2 + 0\alpha_3$

当 $b=9$，$a=7$ 时，线性方程组 $(\alpha_1\ \alpha_2\ \alpha_3)x=\beta$ 有无穷多个解，即

$$x = k\begin{pmatrix}-14\\7\\1\end{pmatrix}+\begin{pmatrix}-15\\9\\0\end{pmatrix}$$

式中，k 为任意常数。

例 4-5 设向量组 ***B*** 能由向量组 ***A*** 线性表示，且它们的秩相等，证明向量组 ***A*** 与向量组 ***B*** 等价。

证明： 因向量组 ***B*** 能由向量组 ***A*** 线性表示，则向量组 ***B*** 加入到向量组 ***A*** 中后秩不变，即 $R(\boldsymbol{A},\boldsymbol{B})=R(\boldsymbol{A})$，又已知 $R(\boldsymbol{B})=R(\boldsymbol{A})$，所以 $R(\boldsymbol{A},\boldsymbol{B})=R(\boldsymbol{B})$，这说明向量组 ***A*** 加入到向量组 ***B*** 中后秩也不变，即向量组 ***A*** 是"多余"的，也即多余的向量组 ***A*** 是能够由向量组 ***B*** 线性表示，从而它们可以相互表示，故向量组 ***A*** 与向量组 ***B*** 等价。
证毕。

4.4 线性方程组解的结构

设

$$\boldsymbol{A}=\begin{pmatrix}a_{11}&a_{12}&\dots&a_{1n}\\a_{21}&a_{22}&\dots&a_{2n}\\\dots&\dots&\dots&\dots\\a_{m1}&a_{m2}&\dots&a_{mn}\end{pmatrix},\ \boldsymbol{x}=\begin{pmatrix}x_1\\x_2\\\vdots\\x_n\end{pmatrix},\ \boldsymbol{b}=\begin{pmatrix}b_1\\b_2\\\vdots\\b_n\end{pmatrix}$$

定理 4-10 (1)若 $\boldsymbol{\xi}_1$ 和 $\boldsymbol{\xi}_2$ 都是 n 元齐次线性方程组 $\boldsymbol{Ax}=\boldsymbol{0}$ 的解，则 $\boldsymbol{\xi}_1+\boldsymbol{\xi}_2$ 也是 $\boldsymbol{Ax}=\boldsymbol{0}$ 的解；

(2)若 ξ_1 是齐次线性方程组 $\boldsymbol{Ax}=\boldsymbol{0}$ 的解，k 为实数，则 $k\boldsymbol{\xi}_1$ 也是 $\boldsymbol{Ax}=\boldsymbol{0}$ 的解。

证明：(1)因 ξ_1 和 ξ_2 都是 n 元齐次线性方程组 $\boldsymbol{Ax}=\boldsymbol{0}$ 的解，则

$$\boldsymbol{A\xi}_1=\boldsymbol{0}\text{，}\ \boldsymbol{A\xi}_2=\boldsymbol{0}$$

于是 $\boldsymbol{A}\left(\boldsymbol{\xi}_1+\boldsymbol{\xi}_2\right)=\boldsymbol{A\xi}_1+\boldsymbol{A\xi}_2=\boldsymbol{0}+\boldsymbol{0}=\boldsymbol{0}$，所以 $\boldsymbol{\xi}_1+\boldsymbol{\xi}_2$ 也是 $\boldsymbol{Ax}=\boldsymbol{0}$ 的解。

(2)因 ξ_1 是齐次线性方程组 $\boldsymbol{Ax}=\boldsymbol{0}$ 的解，则 $\boldsymbol{A\xi}_1=\boldsymbol{0}$，于是

$$\boldsymbol{A}\left(k\boldsymbol{\xi}_1\right)=k\boldsymbol{A\xi}_1=k\boldsymbol{0}=\boldsymbol{0}$$

所以 $k\boldsymbol{\xi}_1$ 也是 $\boldsymbol{Ax}=\boldsymbol{0}$ 的解。
证毕。

把 n 元齐次线性方程组 $\boldsymbol{Ax}=\boldsymbol{0}$ 的全体解所组成的集合记成 S，若 $\xi_1,\xi_2,\cdots,\xi_r$ 是 S 的最大无关组，那么，$\boldsymbol{Ax}=\boldsymbol{0}$ 的任一解都可以由 $\xi_1,\xi_2,\cdots,\xi_r$ 线性表示。另一方面，由定理 4-10 知，$\xi_1,\xi_2,\cdots,\xi_r$ 的任何线性组合都是 $\boldsymbol{Ax}=\boldsymbol{0}$ 的解，于是 n 元齐次线性方程组 $\boldsymbol{Ax}=\boldsymbol{0}$ 的通解就可以写成 $\xi_1,\xi_2,\cdots,\xi_r$ 的任何线性组合形式：

$$\boldsymbol{x}=k_1\xi_1+k_2\xi_2+\cdots+k_r\xi_r$$

式中，$k_1,k_2,\cdots,k_r$ 为任意实数。

定义 4-7　n 元齐次线性方程组 $\boldsymbol{Ax}=\boldsymbol{0}$ 的解集合的最大无关组称为该齐次线性方程组的基础解系。

上一章用初等变换的方法可以求方程组的通解，其求解过程就包含了求 $\boldsymbol{Ax}=\boldsymbol{0}$ 的基础解系。

设 $R(\boldsymbol{A})=r$，$\boldsymbol{A}$ 的行最简形为

$$\boldsymbol{B}=\begin{pmatrix}1 & \dots & 0 & b_{11} & \dots & b_{1,n-r}\\ \dots & \dots & \dots & \dots & \dots & \dots\\ 0 & \dots & 1 & b_{r1} & \dots & b_{r,n-r}\\ 0 & \dots & 0 & 0 & \dots & 0\\ \dots & & \dots & \dots & & \dots\\ 0 & \dots & 0 & 0 & \dots & 0\end{pmatrix}$$

与 $\boldsymbol{B}$ 对应，有方程组

$$\begin{cases} x_1 = -b_{11}x_{r+1} - \cdots - b_{1,n-r}x_n \\ \quad\vdots \\ x_r = -b_{r1}x_{r+1} - \cdots - b_{r,n-r}x_n \end{cases}$$

把 $x_{r+1},\cdots,x_n$ 作为自由未知数，并令它们依次等于 $c_1,\cdots,c_{n-r}$ 可得 n 元齐次线性方程组 $\boldsymbol{Ax}=\boldsymbol{0}$ 的通解：

$$\begin{pmatrix} x_1 \\ \vdots \\ x_r \\ x_{r+1} \\ x_{r+2} \\ \vdots \\ x_n \end{pmatrix} = c_1\begin{pmatrix} -b_{11} \\ \vdots \\ -b_{r1} \\ 1 \\ 0 \\ \vdots \\ 0 \end{pmatrix} + c_2\begin{pmatrix} -b_{12} \\ \vdots \\ -b_{r2} \\ 0 \\ 1 \\ \vdots \\ 0 \end{pmatrix} + \cdots + c_r\begin{pmatrix} -b_{1,n-r} \\ \vdots \\ -b_{r,n-r} \\ 0 \\ 0 \\ \vdots \\ 1 \end{pmatrix}$$

记

$$\boldsymbol{\xi}_1 = \begin{pmatrix} -b_{11} \\ \vdots \\ -b_{r1} \\ 1 \\ 0 \\ \vdots \\ 0 \end{pmatrix}, \boldsymbol{\xi}_2 = \begin{pmatrix} -b_{12} \\ \vdots \\ -b_{r2} \\ 0 \\ 1 \\ \vdots \\ 0 \end{pmatrix}, \cdots, \boldsymbol{\xi}_{n-r} = \begin{pmatrix} -b_{1,n-r} \\ \vdots \\ -b_{r,n-r} \\ 0 \\ 0 \\ \vdots \\ 1 \end{pmatrix}$$

则 $\boldsymbol{\xi}_1,\boldsymbol{\xi}_2,\cdots,\boldsymbol{\xi}_{n-r}$ 即为 n 元齐次线性方程组 $\boldsymbol{Ax}=\boldsymbol{0}$ 的基础解系。

依据以上的讨论，可得

定理 4-11 设 $m\times n$ 矩阵 $\boldsymbol{A}$ 的秩 $R(\boldsymbol{A})=r$，则 n 元齐次线性方程组 $\boldsymbol{Ax}=\boldsymbol{0}$ 的解集 S 的秩$=n-r$。

当 $R(\boldsymbol{A})=n$ 时，方程组 $\boldsymbol{Ax}=\boldsymbol{0}$ 只有零解，没有基础解系(此时解集 S 只含一个零向量)；当 $R(\boldsymbol{A})=r<n$ 时，由定理 4-11 可知方程组 $\boldsymbol{Ax}=\boldsymbol{0}$ 的基础解系含 $n-r$ 的向量。因此，由最大无关组的性质可知，方程组 $\boldsymbol{Ax}=\boldsymbol{0}$ 的任何 $n-r$ 个线性无关的解都可以构成它的基础解系。即方程组 $\boldsymbol{Ax}=\boldsymbol{0}$

的基础解系不是唯一的。因而它的通解形式也不唯一。

课堂练习 4-15

求齐次线性方程组

$$\begin{cases} -5x_1+3x_2+11x_3+17x_4=0 \\ -2x_1+1x_2+5x_3+6x_4=0 \\ -7x_1+2x_2+22x_3+15x_4=0 \end{cases}$$

的基础解系与通解。

解：

$r1+(-3)r2$

$$A=\begin{pmatrix} -5 & 3 & 11 & 17 \\ -2 & 1 & 5 & 6 \\ -7 & 2 & 22 & 15 \end{pmatrix} \sim \begin{pmatrix} 1 & 0 & -4 & -1 \\ -2 & 1 & 5 & 6 \\ -7 & 2 & 22 & 15 \end{pmatrix} \sim \begin{pmatrix} 1 & 0 & -4 & -1 \\ 0 & 1 & -3 & 4 \\ 0 & 2 & -6 & 8 \end{pmatrix} \sim \begin{pmatrix} 1 & 0 & -4 & -1 \\ 0 & 1 & -3 & 4 \\ 0 & 0 & 0 & 0 \end{pmatrix}$$

得
$$\begin{cases} x_1 = 4x_3 - 1x_4 \\ x_2 = 3x_3 - 4x_4 \end{cases}$$

令自由未知数 $x_3=c_1$，$x_4=c_2$，得通解

$$\begin{pmatrix} x_1 \\ x_2 \\ x_3 \\ x_4 \end{pmatrix} = c_1\begin{pmatrix} 4 \\ 3 \\ 1 \\ 0 \end{pmatrix} + c_2\begin{pmatrix} 1 \\ -4 \\ 0 \\ 1 \end{pmatrix}$$

而 $\begin{pmatrix} 4 \\ 3 \\ 1 \\ 0 \end{pmatrix}$，$\begin{pmatrix} 1 \\ -4 \\ 0 \\ 1 \end{pmatrix}$ 是齐次线性方程组的基础解系。

读者可以试试找出其他形式的基础解系。

定理 4-12 (1)若$\boldsymbol{\eta}_1$和$\boldsymbol{\eta}_2$都是n元非齐次线性方程组$\boldsymbol{Ax=b}$的解，则$\boldsymbol{\eta}_1-\boldsymbol{\eta}_2$是对应的$n$元齐次线性方程组$\boldsymbol{Ax=0}$的解；

(2)若$\boldsymbol{\eta}$都是n元非齐次线性方程组$\boldsymbol{Ax=b}$的解，$\boldsymbol{\xi}$是对应的n元齐次线性方程组$\boldsymbol{Ax=0}$的解，则$\boldsymbol{\eta}+\boldsymbol{\xi}$是$n$元非齐次线性方程组$\boldsymbol{Ax=b}$的解。

设$\boldsymbol{\eta}^*$是n元非齐次线性方程组$\boldsymbol{Ax=b}$的任何一个解(可称之为特解)，$R(\boldsymbol{A})=r$，$\xi_1,\xi_2,\cdots,\xi_{n-r}$即为$n$元齐次线性方程组$\boldsymbol{Ax=0}$的基础解系，则由定理4-12可知，$n$元非齐次线性方程组$\boldsymbol{Ax=b}$的通解为：

$$x = k_1\xi_1 + k_2\xi_2 + \cdots + k_r\xi_r + \boldsymbol{\eta}^*$$

式中，$\boldsymbol{k}_1,\boldsymbol{k}_2,\cdots,\boldsymbol{k}_r$为任意实数。

以下通过课堂练习4-16来介绍n元非齐次线性方程组$\boldsymbol{Ax=b}$的通解的求法。

课堂练习 4-16

求非齐次线性方程组

$$\begin{cases} 3x_1 - 9x_2 - 1x_3 - 3x_4 = 3 \\ -2x_1 + 6x_2 + 1x_3 + 1x_4 = -1 \\ -7x_1 + 21x_2 + 3x_3 + 5x_4 = 5 \end{cases}$$

的通解。

解：对增广矩阵 B 施行初等行变换：

$$B = \begin{pmatrix} 3 & -9 & -1 & -3 & 3 \\ -2 & 6 & 1 & 1 & -1 \\ -7 & 21 & 3 & 5 & -5 \end{pmatrix} \sim \begin{pmatrix} 1 & -3 & 0 & -2 & 2 \\ -2 & 6 & 1 & 1 & -1 \\ -7 & 21 & 3 & 5 & -5 \end{pmatrix} \sim \begin{pmatrix} 1 & -3 & 0 & -2 & 2 \\ 0 & 0 & 1 & -3 & 3 \\ 0 & 0 & 3 & -9 & 9 \end{pmatrix}$$

$$\sim \begin{pmatrix} 1 & -3 & 0 & -2 & 2 \\ 0 & 0 & 1 & -3 & 3 \\ 0 & 0 & 0 & 0 & 0 \end{pmatrix}$$

r1 +(1)r2

可见 R(A) =R(B) = 2，故方程组有解，并有

$$\begin{cases} x_1 = 3x_2 + 2x_4 - 2 \\ x_3 = \qquad + 3x_4 - 3 \end{cases}$$

于是所求通解为

$$\begin{pmatrix} x_1 \\ x_2 \\ x_3 \\ x_4 \end{pmatrix} = c_1 \begin{pmatrix} 3 \\ 1 \\ 0 \\ 0 \end{pmatrix} + c_2 \begin{pmatrix} 2 \\ 0 \\ 3 \\ 1 \end{pmatrix} + \begin{pmatrix} 2 \\ 0 \\ 3 \\ 0 \end{pmatrix}$$

式中，c_1，c_2 为任意实数。

这里，

$$\boldsymbol{\eta}^* = \begin{pmatrix} 2 \\ 0 \\ 3 \\ 0 \end{pmatrix}$$

就是非齐次线性方程组的特解。

例 4-6　设 n 阶矩阵 $\boldsymbol{A}$ 的秩$=r(r<n)$，$\boldsymbol{\eta}_0,\boldsymbol{\eta}_1,\cdots,\boldsymbol{\eta}_{n-r}$ 是 $\boldsymbol{Ax}=\boldsymbol{b}(\boldsymbol{b}\neq 0)$的解，证明 $\boldsymbol{\eta}_1-\boldsymbol{\eta}_0,\cdots,\boldsymbol{\eta}_{n-r}-\boldsymbol{\eta}_0$ 是 $\boldsymbol{Ax}=\boldsymbol{0}$ 的基础解系 $\Leftrightarrow$ $\boldsymbol{\eta}_0,\boldsymbol{\eta}_1,\cdots,\boldsymbol{\eta}_{n-r}$ 线性无关。

证必要性： 设数组 $k_0,k_1,\cdots,k_{n-r}$ 使得 $k_0\boldsymbol{\eta}_0+k_1\boldsymbol{\eta}_1+\cdots+k_{n-r}\boldsymbol{\eta}_{n-r}=0$。

左乘 $\boldsymbol{A}$，利用 $\boldsymbol{A}\eta_i=b$ 可得 $(k_0+k_1+\cdots+k_{n-r})b=0$。

因为 $b\neq 0$，所以 $k_0+k_1+\cdots+k_{n-r}=0\Rightarrow k_0=-k_1-\cdots-k_{n-r}$。

由此可得 $k_1(\eta_1-\eta_0)+\cdots+k_{n-r}(\eta_{n-r}-\eta_0)=0$。

因为 $\eta_1-\eta_0,\cdots,\eta_{n-r}-\eta_0$ 是 $\boldsymbol{Ax}=\boldsymbol{0}$ 的基础解系，所以线性无关，从而有

$$k_1=0,\cdots,k_{n-r}=0\Rightarrow k_0=0$$

故 $\eta_0,\eta_1,\cdots,\eta_{n-r}$ 线性无关。

证充分性： $\boldsymbol{A}(\eta_i-\eta_0)=0\Rightarrow\eta_i-\eta_0$ 是 $\boldsymbol{Ax}=\boldsymbol{0}$ 的解向量

设数组 $k_1,\cdots,k_{n-r}$ 使得 $k_1(\eta_1-\eta_0)+\cdots+k_{n-r}(\eta_{n-r}-\eta_0)=0$，

则
$$-(k_1+k_2+\cdots+k_{n-r})\eta_0+k_1\eta_1+\cdots+k_{n-r}\eta_{n-r}=0$$

因为 $\eta_0,\eta_1,\cdots,\eta_{n-r}$ 线性无关，所以只有

$$-(k_1+k_2+\cdots+k_{n-r})=0,k_1=0,\cdots,k_{n-r}=0,$$

故向量组 $\eta_1-\eta_0,\cdots,\eta_{n-r}-\eta_0$ 线性无关。

因此 $\eta_1-\eta_0,\cdots,\eta_{n-r}-\eta_0$ 是 $\boldsymbol{Ax}=\boldsymbol{0}$ 的基础解系。

证毕。

例 4-7 设 $\boldsymbol{A}_{m\times n}\boldsymbol{B}_{n\times l}=0$，证明 $R(\boldsymbol{A})+R(\boldsymbol{B})\leqslant n$

证明： 记 $\boldsymbol{B}=(b_1,b_2,\cdots,b_l)$，则 $\boldsymbol{A}_{m\times n}\boldsymbol{B}_{n\times l}=\boldsymbol{0}$ 的右列式为

$$\boldsymbol{A}(b_1,b_2,\cdots,b_l)=(0,0,\cdots,0)$$

即 $\boldsymbol{A}b_i=0\ (i=1,2,\cdots,l)$。

这表明矩阵 $\boldsymbol{B}$ 的 l 个列向量都是 $\boldsymbol{Ax}=\boldsymbol{0}$ 的解，由定理 4-11 可得 $R(\boldsymbol{B})\leqslant n-R(\boldsymbol{A})$，

即
$$R(\boldsymbol{A})+R(\boldsymbol{B})\leqslant n$$

证毕。

例 4-8 设 n 元齐次线性方程组 $\boldsymbol{Ax}=\boldsymbol{0}$ 与 $\boldsymbol{Bx}=\boldsymbol{0}$ 同解，证明 $R(\boldsymbol{A})=R(\boldsymbol{B})$。

证明： 由于方程组 $\boldsymbol{Ax}=\boldsymbol{0}$ 与 $\boldsymbol{Bx}=\boldsymbol{0}$ 有相同的解集 S，则由定理 4-11 可得 $R(\boldsymbol{A})=n-R(S)$，$R(\boldsymbol{B})=n-R(S)$，所以 $R(\boldsymbol{A})=R(\boldsymbol{B})$。

证毕。

例 4-9 证明 $R(\boldsymbol{A}^{\mathrm{T}}\boldsymbol{A})=R(\boldsymbol{A})$

证明： 由例 4-8 知，只需证明 $\boldsymbol{Ax}=\boldsymbol{0}$ 与 $\boldsymbol{A}^{\mathrm{T}}\boldsymbol{Ax}=\boldsymbol{0}$ 同解即可。

若 $\boldsymbol{Ax}=\boldsymbol{0}$，则 $\boldsymbol{A}^{\mathrm{T}}\boldsymbol{Ax}=\boldsymbol{A}^{\mathrm{T}}\boldsymbol{0}=\boldsymbol{0}$，即 $\boldsymbol{Ax}=\boldsymbol{0}$ 的解都是 $\boldsymbol{A}^{\mathrm{T}}\boldsymbol{Ax}=\boldsymbol{0}$ 的解；另一方面，若 $\boldsymbol{A}^{\mathrm{T}}\boldsymbol{Ax}=\boldsymbol{0}$，则 $\boldsymbol{x}^{\mathrm{T}}\boldsymbol{A}^{\mathrm{T}}\boldsymbol{Ax}=\boldsymbol{x}^{\mathrm{T}}\boldsymbol{0}=\boldsymbol{0}$，即 $(\boldsymbol{Ax})^{\mathrm{T}}\boldsymbol{Ax}=\boldsymbol{0}$，从而 $\boldsymbol{Ax}=\boldsymbol{0}$。证毕。

课堂练习 4-17

设齐次线性方程组

$$\begin{cases} 1x_1+1x_2+1x_3+5x_4=0 \\ 1x_1+2x_2+8x_3+6x_4=0 \\ 2x_1+3x_2+2x_3+10x_4=0 \end{cases}$$

则其解集的秩为 1 。

课堂练习 4-18

已知 3 阶矩阵 A 的秩 = 2，矩阵 $B=\begin{pmatrix}1 & -2 & -3\\ -2 & 4 & 6\\ 3 & -6 & k\end{pmatrix}$，k 为常数，且 AB = 0，求线性方程组 Ax = 0 的基础解系。

解：因为矩阵 A 的秩 = 2，且 AB = 0，则矩阵 B 的秩 ⩽ 1，又因为矩阵 B ≠ 0，则 B 的秩 ⩾ 1，即 B 的秩 = 1。

方程组 Ax = 0 的基础解系为：

$$x=k\begin{pmatrix}1\\ -2\\ 3\end{pmatrix}$$

式中，k 为任意非零常数。

课堂练习 4-19

已知 4 阶方阵 $A=(\alpha_1,\ \alpha_2,\ \alpha_3,\ \alpha_4)$，$\alpha_1$，$\alpha_2$，$\alpha_3$，$\alpha_4$ 均为 4 维列向量，其中 α_2，α_3，α_4 线性无关，$\alpha_1=5\alpha_2-29\alpha_3$，如果

$$\beta=6\alpha_1+8\alpha_2+11\alpha_3+8\alpha_4$$

求线性方程组 $Ax=\beta$ 的通解。

解：

由 α_2，α_3，α_4 线性无关及 $\alpha_1=5\alpha_2-29\alpha_3$ 知，向量组的秩 $r(\alpha_1,\ \alpha_2,\ \alpha_3,\ \alpha_4)=3$，即矩阵 A 的秩为 3，因此 $Ax=0$ 的基础解系中只包含 1 个向量，那么由

$$(\alpha_1,\ \alpha_2,\ \alpha_3,\ \alpha_4)\begin{pmatrix}1\\ -5\\ 29\\ 0\end{pmatrix}=0$$

知，$Ax=0$ 的基础解系是 $\begin{pmatrix}1\\-5\\29\\0\end{pmatrix}$

再由 $\beta=6\alpha_1+8\alpha_2+11\alpha_3+8\alpha_4=A\begin{pmatrix}6\\8\\11\\8\end{pmatrix}$ 知，$\begin{pmatrix}6\\8\\11\\8\end{pmatrix}$ 是 $Ax=\beta$ 的一个特解，故方程组 $Ax=\beta$ 的通解是：

$$k\begin{pmatrix}1\\-5\\29\\0\end{pmatrix}+\begin{pmatrix}6\\8\\11\\8\end{pmatrix}$$

式中，k 为任意常数。

课堂练习 4-20

方程 $x_1-13x_2+11x_3-15x_4=0$ 的基础解系为：

$$c_1\begin{pmatrix}13\\1\\0\\0\end{pmatrix},\quad c_2\begin{pmatrix}-11\\0\\1\\0\end{pmatrix},\quad c_3\begin{pmatrix}15\\0\\0\\1\end{pmatrix}$$

式中，c_1，c_2，c_3 为任意常数。

课堂练习 4-21

求一个齐次线性方程组，使它的基础解系为：

$$\xi_1=\begin{pmatrix}1&0&3&2\end{pmatrix}^T,\quad \xi_2=\begin{pmatrix}2&3&0&1\end{pmatrix}^T.$$

解：

根据基础解系的结构，可设齐次线性方程组：

$$Ax=0$$

满足条件，其中 A 为 2×4 矩阵，x 为一个 4 维列向量。因基础解系含两个向量，则 $R(A)=2$。而

$$A\xi_1=0,\quad A\xi_2=0$$

则

$$A(\xi_1,\ \xi_2)=0$$

令 $B=(\xi_1,\ \xi_2)$，则 $AB=0$，即 $B^TA^T=0$，于是由齐次线性方程组 $B^Ty=0$ 的基础解系就可以设为 A^T，从而确定 A。

$$B^T=\begin{pmatrix}1&0&3&2\\2&3&0&1\end{pmatrix}\sim\begin{pmatrix}1&0&3&2\\0&3&-6&-3\end{pmatrix}\sim\begin{pmatrix}1&0&3&2\\0&1&-2&-1\end{pmatrix}$$

则齐次线性方程组 $B^Ty=0$ 的基础解系为

$$\eta_1=\begin{pmatrix}-3&2&1&0\end{pmatrix}^T,\quad \eta_2=\begin{pmatrix}-2&1&0&1\end{pmatrix}^T$$

取

$$A=\begin{pmatrix}-3&2&1&0\\-2&1&0&1\end{pmatrix}$$

即 $Ax=0$ 为所求。

课堂练习 4-22

设四元非齐次线性方程组的系数矩阵的秩为 3，已知 η_1，η_2，η_3 是它的三个解向量，且

$$\eta_1=\begin{pmatrix}9\\4\\-7\\-5\end{pmatrix},\quad \eta_2+\eta_3=\begin{pmatrix}6\\-7\\-1\\4\end{pmatrix}$$

求该方程组的通解。

解：记该非齐次线性方程组为 $Ax=b$，其相应的齐次线性方程组为：

$$Ax=0 \tag{4-1}$$

根据次线性方程组的性质知，方程(4-1)的解空间维数 $=4-3=1$，也即它的任一非零解都是它的一个基础解系。记 $\xi=2\eta_1-\eta_2-\eta_3$，则 $\xi\neq 0$，且 $A\xi=0$，即 ξ 就是方程(4-1)的一个基础解系。则原方程组的通解为

$$x=k\begin{pmatrix}12\\15\\-13\\-14\end{pmatrix}+\begin{pmatrix}4\\5\\1\\-5\end{pmatrix}$$

式中，k 为任意常数。

课堂练习 4-23

设矩阵 $A=(a_1, a_2, a_3, a_4)$，其中 a_2，a_3，a_4 线性无关。

$$a_1=-8a_2-a_3,\quad b=1a_1+9a_2+5a_3+3a_4$$

求方程 $Ax=b$ 的通解。

解：显然 $R(A)=3$，即方程 $Ax=0$ 的基础解系所含向量的个数为 1 个。

因为 $a_1=-8a_2-a_3$

所以 $x=(1\ 8\ 1\ 0)^T$ 是 $Ax=0$ 的基础解系，

因为 $b=1a_1+9a_2+5a_3+3a_4$

所以 $x=(1\ 9\ 5\ 3)^T$ 是 $Ax=b$ 的解。故所以方程 $Ax=b$ 的通解为

$$x=k\begin{pmatrix}1\\8\\1\\0\end{pmatrix}+\begin{pmatrix}1\\9\\5\\3\end{pmatrix}$$

式中，k 为任意常数。

4.5 向量空间

定义 4-8 设 V 是具有某些共同性质的 n 维向量的集合，若

(1)对任意的 $\alpha,\beta\in V$，有 $\alpha+\beta\in V$；(加法封闭)

(2)对任意的$\alpha \in \boldsymbol{V}$, k为任意实数, 有$k\alpha \in \boldsymbol{V}$。(数乘封闭)

称集合$\boldsymbol{V}$为向量空间。

容易验证2维向量的全体$\boldsymbol{R}^2$就是一个向量空间, 3维向量的全体$\boldsymbol{R}^3$就是一个向量空间。

例4-10 集合

$$\boldsymbol{V} = \{x = (0, x_2, \cdots, x_n)^{\mathrm{T}} \mid x_2, \cdots, x_n \in \boldsymbol{R}\}$$

是一个向量空间, 因为若$a = (0, a_2, \cdots, a_n)^{\mathrm{T}} \in \boldsymbol{V}$, $b = (0, b_2, \cdots, b_n)^{\mathrm{T}} \in \boldsymbol{V}$, 则$a+b = (0, a_2+b_2, \cdots, a_n+b_n)^{\mathrm{T}} \in \boldsymbol{V}$, $ka = (0, ka_2, \cdots, ka_n)^{\mathrm{T}} \in \boldsymbol{V}$, k为任意实数。

例4-11 集合

$$\boldsymbol{V} = \{x = (1, x_2, \cdots, x_n)^{\mathrm{T}} \mid x_2, \cdots, x_n \in \boldsymbol{R}\}$$

不是一个向量空间, 因为若$\boldsymbol{a} = (1, a_2, \cdots, a_n)^{\mathrm{T}} \in \boldsymbol{V}$, 则

$$2\boldsymbol{a} = (2, 2a_2, \cdots, 2a_n)^{\mathrm{T}} \notin \boldsymbol{V}$$

例4-12 由定理4-10可知, 齐次线性方程组$\boldsymbol{Ax}=\boldsymbol{0}$的解集合

$$S = \{x \mid \boldsymbol{Ax} = \boldsymbol{0}\}$$

是一个向量空间(称为齐次线性方程组的解空间)。

例4-13 非齐次线性方程组$\boldsymbol{Ax}=\boldsymbol{b}$的解集合

$$S = \{x \mid \boldsymbol{Ax} = \boldsymbol{b}\}$$

不是一个向量空间, 因为若$x \in S$, 则$\boldsymbol{Ax}=\boldsymbol{b}$, 于是$\boldsymbol{A}(2\boldsymbol{x}) = 2\boldsymbol{b} \neq \boldsymbol{b}$, 即$2\boldsymbol{x} \notin S$。

定义4-9 设V是一个向量空间, 如果r个向量$\boldsymbol{a}_1, \boldsymbol{a}_2, \cdots, \boldsymbol{a}_r \in V$, 且满足

(1) $\boldsymbol{a}_1, \boldsymbol{a}_2, \cdots, \boldsymbol{a}_r$线性无关;

(2) 在V中任意一个向量都可以由$\boldsymbol{a}_1, \boldsymbol{a}_2, \cdots, \boldsymbol{a}_r$线性表示。

那么, 向量组$\boldsymbol{a}_1, \boldsymbol{a}_2, \cdots, \boldsymbol{a}_r$就称为向量空间$V$的一个基, r称为向量空间V的维数, 并称V为r维向量空间。

在例 4-10 中，$\boldsymbol{e}_2=(0,1,0,\cdots,0)^{\mathrm{T}}$，$\boldsymbol{e}_3=(0,0,1,\cdots,0)^{\mathrm{T}}$，…，$\boldsymbol{e}_n=(0,0,0,\cdots,1)^{\mathrm{T}}$ 是向量空间 $\boldsymbol{V}$ 的一个基，维数是 $n-1$。

定义 4-10 如果在向量空间 $\boldsymbol{V}$ 中取定一个基 $\boldsymbol{a}_1,\boldsymbol{a}_2,\dots,\boldsymbol{a}_r$，那么 $\boldsymbol{V}$ 中如何 个向量 $\boldsymbol{x}$ 可唯 表示为

$$\boldsymbol{x}=\lambda_1\boldsymbol{a}_1+\lambda_2\boldsymbol{a}_2+\cdots+\lambda_r\boldsymbol{a}_r$$

数组 $\lambda_1,\lambda_2,\cdots,\lambda_r$ 称为向量 $\boldsymbol{x}$ 在基 $\boldsymbol{a}_1,\boldsymbol{a}_2,\cdots,\boldsymbol{a}_r$ 中的坐标。

课堂练习 4-24

设 $A=(a_1,a_2,a_3)=\begin{pmatrix}3&0&-1\\-10&3&2\\-4&1&1\end{pmatrix}$，

$B=(b_1,b_2)=\begin{pmatrix}5&8\\-24&-21\\-9&-9\end{pmatrix}$

验证 a_1,a_2,a_3 是 R^3 的一个基，并求 b_1,b_2 在这个基中的坐标。

解：要证 a_1,a_2,a_3 是 R^3 的一个基，只要证 a_1,a_2,a_3 线性无关，即只要证 $A\sim E$。

设 $b_1=x_{11}a_1+x_{21}a_2+x_{31}a_3$

$b_2=x_{12}a_1+x_{22}a_2+x_{32}a_3$

即

$(b_1,b_2)=(a_1,a_2,a_3)\begin{pmatrix}x_{11}&x_{12}\\x_{21}&x_{22}\\x_{31}&x_{32}\end{pmatrix}$，记作 $B=AX$

对矩阵 (A,B) 施行初等行变换，若 A 能变为 E 则 a_1,a_2,a_3 为 R^3 的一个基，且当 A 变为 E 时，B 变为 $X=A^{-1}B$。

$$(A,B)=\begin{pmatrix}3&0&-1&5&8\\-10&3&2&-24&-21\\-4&1&1&-9&-9\end{pmatrix}\sim\begin{pmatrix}-1&1&0&-4&-1\\-2&1&0&-6&-3\\-4&1&1&-9&-9\end{pmatrix}$$

$$\sim\begin{pmatrix}1&0&0&2&2\\-2&1&0&-6&-3\\-2&0&1&-3&-6\end{pmatrix}\sim\begin{pmatrix}1&0&0&2&2\\0&1&0&-2&1\\0&0&1&1&-2\end{pmatrix}$$

因有 $A\sim E$，故 a_1,a_2,a_3 是 R^3 的一个基，且

$(b_1,b_2)=(a_1,a_2,a_3)\begin{pmatrix}2&2\\-2&1\\1&-2\end{pmatrix}$

即 b_1,b_2 在基 a_1,a_2,a_3 中的坐标依次为 2，-2，1 和 2，1，-2。

课堂练习 4-25

在 R^3 中取定一个基：

$$a_1=\begin{pmatrix}7\\7\\-7\end{pmatrix}\quad a_2=\begin{pmatrix}14\\23\\-14\end{pmatrix}\quad a_3=\begin{pmatrix}0\\-9\\4\end{pmatrix}$$

再取一个新基：

$$b_1=\begin{pmatrix}0\\6\\-6\end{pmatrix}\quad b_2=\begin{pmatrix}0\\13\\-12\end{pmatrix}\quad b_3=\begin{pmatrix}9\\-1\\9\end{pmatrix}$$

则用 a_1，a_2，a_3 表示 b_1，b_2，b_3 的表示式（基变换公式）为

$$\begin{pmatrix}b_1 & b_2 & b_3\end{pmatrix}=\begin{pmatrix}a_1 & a_2 & a_3\end{pmatrix}\begin{pmatrix}1.6667 & 3.1111 & -5.492\\ -0.833 & -1.556 & 3.3889\\ -1.5 & -3 & 4.5\end{pmatrix}$$

课堂练习 4-26

设 $\alpha_1=\begin{pmatrix}1 & 2 & 2 & 3\end{pmatrix}^T$，$\alpha_2=\begin{pmatrix}1 & 1 & 4 & 7\end{pmatrix}^T$，$\alpha_3=\begin{pmatrix}2 & 1 & 10 & a\end{pmatrix}^T$。若由 α_1，α_2，α_3 生成的向量空间的维数为 2，则 a = 18。

课堂练习 4-27

已知三维向量空间的基底为 $\alpha_1=(1,\ 1,\ 0)$，$\alpha_2=(1,\ 0,\ 1)$，$\alpha_3=(0,\ 1,\ 1)$，则向量 $\beta=(3,\ 2,\ -3)$ 在此基底下的坐标是 4，-1，-2。

课堂练习 4-28

从 R^2 的基 $\alpha_1=\begin{pmatrix}1\\0\end{pmatrix}$，$\alpha_2=\begin{pmatrix}1\\1\end{pmatrix}$ 到基 $\beta_1=\begin{pmatrix}-10\\4\end{pmatrix}$，$\beta_2=\begin{pmatrix}20\\10\end{pmatrix}$ 的过渡矩阵为 $\begin{pmatrix}-14 & 10\\4 & 10\end{pmatrix}$

课堂练习 4-29

试证：由 $a_1=\begin{pmatrix}-1 & -1 & 1\end{pmatrix}^T$，$a_2=\begin{pmatrix}0 & -1 & 0\end{pmatrix}^T$，$a_3=\begin{pmatrix}1 & 1 & 0\end{pmatrix}^T$ 所生成的向量空间就是 R^3。

证明：

设 $e_1=\begin{pmatrix}1\\0\\0\end{pmatrix}$，$e_2=\begin{pmatrix}0\\1\\0\end{pmatrix}$，$e_3=\begin{pmatrix}0\\0\\1\end{pmatrix}$

设 $A=\begin{pmatrix}a_1 & a_2 & a_3\end{pmatrix}$，则 $|A|=\begin{vmatrix}-1 & 0 & 1\\-1 & -1 & 1\\1 & 0 & 0\end{vmatrix}=1\neq 0$

所以A可逆，即$AA^{-1}=E$，也即

$(a_1\ a_2\ a_3)A^{-1}=(e_1\ e_2\ e_3)$，这说明向量组$e_1$，$e_2$，$e_3$可以由向量组$a_1$，$a_2$，$a_3$线性表示，另一方面，

$EA=A$，即$(e_1\ e_2\ e_3)A=(a_1\ a_2\ a_3)$，这说明向量组$a_1$，$a_2$，$a_3$也可以由向量组$e_1$，$e_2$，$e_3$线性表示，

所以，a_1，a_2，a_3与R^3的一组基e_1，e_2，e_3等价，

故由a_1，a_2，a_3所生成的向量空间就是R^3。

证毕。

课堂练习 4-30

由$a_1=(-1\ \ 0\ \ -9\ \ 0)^T$，$a_2=(0\ \ -1\ \ 0\ \ -6)^T$所生成的向量空间记作$L_1$，由$b_1=(1\ \ 0\ \ 9\ \ 0)^T$，$b_2=(0\ \ -1\ \ 0\ \ -6)^T$所生成的向量空间记作$L_2$，证明$L_1=L_2$。

证明：因对应的分量不成比例，知a_1，a_2线性无关，b_1，b_2也线性无关，即$R(a_1, a_2)=R(b_1, b_2)=2$。又因

$$(a_1, a_2, b_1, b_2)=\begin{pmatrix}-1&0&1&0\\0&-1&0&-1\\-9&0&9&0\\0&-6&0&-6\end{pmatrix}\sim\begin{pmatrix}-1&0&1&0\\0&-1&0&-1\\0&0&0&0\\0&-6&0&-6\end{pmatrix}\sim\begin{pmatrix}-1&0&1&0\\0&-1&0&-1\\0&0&0&0\\0&0&0&0\end{pmatrix}$$

则$R(a_1, a_2, b_1, b_2)=2$，即a_1，a_2与b_1，b_2等价，

故$L_1=L_2$。

证毕。

见 1 游 戏

注：请清空下面黄色单元格中的0，然后填写相应的答案。

见 1 游戏 4-1

设$a_1=\begin{pmatrix}1\\2\\3\\-3\end{pmatrix}$，$a_2=\begin{pmatrix}0\\1\\1\\0\end{pmatrix}$，$a_3=\begin{pmatrix}-3\\-8\\-11\\9\end{pmatrix}$，$b=\begin{pmatrix}3\\7\\10\\-9\end{pmatrix}$，

证明向量b能由向量组a_1，a_2，a_3线性表示，并求出表达式。

证明：根据定理4-1，只需证明矩阵$A=(a_1, a_2, a_3)$的秩与$B=(A, b)$的秩相等，为此，把B化成行最简形：

$$B=\begin{pmatrix}1&0&-3&3\\2&1&-8&7\\3&1&-11&10\\-3&0&9&-9\end{pmatrix}\backsim\begin{pmatrix}0&0&0&0\\0&0&0&0\\0&0&0&0\\0&0&0&0\end{pmatrix}\backsim\begin{pmatrix}0&0&0&0\\0&0&0&0\\0&0&0&0\\0&0&0&0\end{pmatrix}$$

可见 R(A) = R(B)，即向量 b 能由向量组 a_1，a_2，a_3 线性表示。

由上述最简形，可得方程 Ax = b 的通解为

$$x = c\begin{pmatrix}0\\0\\0\end{pmatrix} + \begin{pmatrix}0\\0\\0\end{pmatrix} = \begin{pmatrix}0c+0\\0c+0\\c\end{pmatrix}$$

从而得表达式

$$b = (a_1, a_2, a_3)\,x$$

$$= (0c+0)\,a_1 + (0c+0)\,a_2 + c\,a_3$$

式中，c 可为任意实数。

见 1 游戏 4-2

设 $a_1 = \begin{pmatrix}1\\1\\3\\-3\end{pmatrix}$，$a_2 = \begin{pmatrix}0\\1\\2\\0\end{pmatrix}$，$b_1 = \begin{pmatrix}-2\\-4\\-10\\6\end{pmatrix}$，$b_2 = \begin{pmatrix}-1\\-3\\-7\\3\end{pmatrix}$，$b_3 = \begin{pmatrix}-2\\3\\4\\6\end{pmatrix}$，

证明向量组 a_1，a_2 与向量组 b_1，b_2，b_3 等价。

证　记 A = (a_1，a_2)，B = (b_1，b_2，b_3)，

根据定理 4-2 的推论，只要证 R(A) = R(B) = R(A, B)

为此，将矩阵（A, B）化成行最简形：

$$(A, B) = \begin{pmatrix}1&0&-2&-1&-2\\1&1&-4&-3&3\\3&2&-10&-7&4\\-3&0&6&3&6\end{pmatrix} \backsim \begin{pmatrix}0&0&0&0&0\\0&0&0&0&0\\0&0&0&0&0\\0&0&0&0&0\end{pmatrix}$$

$$\backsim \begin{pmatrix}0&0&0&0&0\\0&0&0&0&0\\0&0&0&0&0\\0&0&0&0&0\end{pmatrix}$$

可见，R(A) = 0，R(A, B) = 0。容易看出 B 中有不等于 0 的 2 阶子式，故 R(B) ≥ 0，又

R(B) ≤ R(A, B) = 0

于是 R(B) = 0，因此，R(A) = R(B) = R(A, B)。

见 1 游戏 4-3

已知 $a_1 = \begin{pmatrix}1\\1\\3\end{pmatrix}$，$a_2 = \begin{pmatrix}1\\2\\5\end{pmatrix}$，$a_3 = \begin{pmatrix}-1\\-3\\-7\end{pmatrix}$，试讨论向量组 a_1，a_2，a_3 及向量组 a_1，a_2 的线性相关性。

解：对矩阵（a_1，a_2，a_3）施行初等行变换变成行阶梯形矩阵，即可同时看出矩阵（a_1，a_2，a_3）及（a_1，a_2）的秩。利用定理 4-4 即可得出结论。

$$(a_1, a_2, a_3) = \begin{pmatrix}1&1&-1\\1&2&-3\\3&5&-7\end{pmatrix} \backsim \begin{pmatrix}0&0&0\\0&0&0\\0&0&0\end{pmatrix} \backsim \begin{pmatrix}0&0&0\\0&0&0\\0&0&0\end{pmatrix}$$

可见 $R(a_1, a_2, a_3)=$ 0，故向量组 a_1, a_2, a_3 线性相关，同时可见 $R(a_1, a_2)=$ 0，故向量组 a_1，a_2 线性无关。

见 1 游戏 4-4

已知向量组 a_1，a_2，a_3 线性无关，$b_1 = a_1 - 3a_2$，$b_2 = a_2 + 1a_3$，$b_3 = a_3 - 5a_1$，试证向量组 b_1，b_2，b_3 线性无关。

证：将已知条件写成左列式有：

$$(b_1, b_2, b_3) = (a_1, a_2, a_3)\begin{pmatrix} 0 & 0 & 0 \\ 0 & 0 & 0 \\ 0 & 0 & 0 \end{pmatrix}$$

而 $\begin{vmatrix} 0 & 0 & 0 \\ 0 & 0 & 0 \\ 0 & 0 & 0 \end{vmatrix} =$ 0 $\neq$ 0，则矩阵 $\begin{pmatrix} 0 & 0 & 0 \\ 0 & 0 & 0 \\ 0 & 0 & 0 \end{pmatrix}$ 可逆，

所以向量组 a_1，a_2，a_3 与向量组 b_1，b_2，b_3 等价，又因为 a_1，a_2，a_3 线性无关，所以 b_1，b_2，b_3 线性无关。

见 1 游戏 4-5

设齐次线性方程组

$$\begin{cases} 5x_1 + 4x_2 + 27x_3 + 2x_4 = 0 \\ 1x_1 + 1x_2 + 6x_3 + 0x_4 = 0 \\ -8x_1 - 4x_2 - 36x_3 - 8x_4 = 0 \end{cases}$$

的全体向量构成的向量组为 S，求 S 的秩。

解：

$$A = \begin{pmatrix} 5 & 4 & 27 & 2 \\ 1 & 1 & 6 & 0 \\ -8 & -4 & -36 & -8 \end{pmatrix} \backsim \begin{pmatrix} 0 & 0 & 0 & 0 \\ 0 & 0 & 0 & 0 \\ 0 & 0 & 0 & 0 \end{pmatrix} \backsim \begin{pmatrix} 0 & 0 & 0 & 0 \\ 0 & 0 & 0 & 0 \\ 0 & 0 & 0 & 0 \end{pmatrix} \backsim \begin{pmatrix} 0 & 0 & 0 & 0 \\ 0 & 0 & 0 & 0 \\ 0 & 0 & 0 & 0 \end{pmatrix}$$

得 $\begin{cases} x_1 = 0x_3 \quad 0 \quad 0x_4 \\ x_2 = 0x_3 \quad 0 \quad 0x_4 \end{cases}$

令自由未知数 $x_3 = c_1$，$x_4 = c_2$，得通解

$$\begin{pmatrix} x_1 \\ x_2 \\ x_3 \\ x_4 \end{pmatrix} = c_1\begin{pmatrix} 0 \\ 0 \\ 0 \\ 0 \end{pmatrix} + c_2\begin{pmatrix} 0 \\ 0 \\ 0 \\ 0 \end{pmatrix}$$

则 $\begin{pmatrix} 0 \\ 0 \\ 0 \\ 0 \end{pmatrix}$，$\begin{pmatrix} 0 \\ 0 \\ 0 \\ 0 \end{pmatrix}$ 是 S 的最大无关组，故 $R(S)=$ 0

注：在绿色单元格中键入“-”或“+”符号。

见1游戏4-6

设矩阵

$$A=\begin{pmatrix}-7&-2&13&-1&26\\3&1&-5&0&-11\\8&2&-16&1&-29\\-1&0&3&0&3\end{pmatrix}$$

求矩阵A的列向量组的一个最大无关组，并把不属于最大无关组的列向量用最大无关组线性表示。

解：

$$A=\begin{pmatrix}-7&-2&13&-1&26\\3&1&-5&0&-11\\8&2&-16&1&-29\\-1&0&3&0&3\end{pmatrix}\backsim\begin{pmatrix}0&0&0&0&0\\0&0&0&0&0\\0&0&0&0&0\\0&0&0&0&0\end{pmatrix}\backsim\begin{pmatrix}0&0&0&0&0\\0&0&0&0&0\\0&0&0&0&0\\0&0&0&0&0\end{pmatrix}$$

$$\backsim\begin{pmatrix}0&0&0&0&0\\0&0&0&0&0\\0&0&0&0&0\\0&0&0&0&0\end{pmatrix}=B$$

即矩阵B是矩阵A的行最简形，则存在可逆矩阵K，使得KA=B，显然该式的右列式为

$K(a_1, a_2, a_3, a_4, a_5)$

$=(b_1, b_2, b_3, b_4, b_5)$

即 $Ka_i=b_i$（i=1，2，3，4，5）

则 $K(a_1, a_2, a_4)=(b_1, b_2, b_4)$

显然向量组 b_1，b_2，b_3，b_4，b_5 的一个最大无关组是 b_1，b_2，b_4，即 $R(b_1, b_2, b_4)=3$，而K可逆，则 $R(a_1, a_2, a_4)=3$，若A的列向量组的一个最大无关组由4个列向量组成，则对应B中必然有4个列向量线性无关，这与 b_1，b_2，b_4 是 b_1，b_2，b_3，b_4，b_5 的一个最大无关组矛盾，故向量组 a_1，a_2，a_4 为向量组 a_1，a_2，a_3，a_4，a_5 的一个最大无关组。

由 $b_3 = 0\,b_1 \quad 0 \quad 0\,b_2$

$b_5 = 0\,b_1 \quad 0 \quad 0\,b_2 \quad 0 \quad 0\,b_4$

即 $Ka_3 = 0\,Ka_1 \quad 0 \quad 0\,Ka_2$

$Ka_5 = 0\,Ka_1 \quad 0 \quad 0\,Ka_2 \quad 0 \quad 0\,Ka_4$

所以

$a_3 = 0\,a_1 \quad 0 \quad 0\,a_2$

$a_5 = 0\,a_1 \quad 0 \quad 0\,a_2 \quad 0 \quad 0\,a_4$

注：在绿色单元格中键入“-”或“+”符号。

见1游戏4-7

求齐次线性方程组

$$\begin{cases}0x_1 - 1x_2 + 4x_3 - 2x_4 = 0\\ -1x_1 + 1x_2 + 3x_3 + 0x_4 = 0\\ 1x_1 + 4x_2 - 15x_3 + 6x_4 = 0\end{cases}$$

的基础解系与通解。

解：

$$A=\begin{pmatrix}0&1&4&-2\\-1&1&3&0\\1&-4&-15&6\end{pmatrix}\backsim\begin{pmatrix}0&0&0&0\\0&0&0&0\\0&0&0&0\end{pmatrix}\backsim\begin{pmatrix}0&0&0&0\\0&0&0&0\\0&0&0&0\end{pmatrix}\backsim\begin{pmatrix}0&0&0&0\\0&0&0&0\\0&0&0&0\end{pmatrix}$$

得 $\begin{cases}x_1 = 0\,x_3 \quad 0 \quad 0\,x_4\\ x_2 = 0\,x_3 \quad 0 \quad 0\,x_4\end{cases}$

令自由未知数 $x_3=c_1$，$x_4=c_2$，得通解

$$\begin{pmatrix}x_1\\x_2\\x_3\\x_4\end{pmatrix}=c_1\begin{pmatrix}0\\0\\0\\0\end{pmatrix}+c_2\begin{pmatrix}0\\0\\0\\0\end{pmatrix}$$

而 $\begin{pmatrix}0\\0\\0\\0\end{pmatrix}$，$\begin{pmatrix}0\\0\\0\\0\end{pmatrix}$ 是齐次线性方程组的基础解系。

注：在绿色单元格中键入"–"或"+"符号。

见 1 游戏 4-8

求非齐次线性方程组

$$\begin{cases}3x_1+3x_2+2x_3+13x_4=-3\\ 1x_1+1x_2+1x_3+5x_4=-2\\ -2x_1-2x_2-1x_3-8x_4=1\end{cases}$$

的通解。

解：对增广矩阵 B 施行初等行变换：

$$B=\begin{pmatrix}3&3&2&13&-3\\1&1&1&5&-2\\-2&-2&-1&-8&1\end{pmatrix}\backsim\begin{pmatrix}0&0&0&0&0\\0&0&0&0&0\\0&0&0&0&0\end{pmatrix}\backsim\begin{pmatrix}0&0&0&0&0\\0&0&0&0&0\\0&0&0&0&0\end{pmatrix}$$

$$\backsim\begin{pmatrix}0&0&0&0&0\\0&0&0&0&0\\0&0&0&0&0\end{pmatrix}$$

可见 R(A)=R(B)= 0，故方程组有解，并有

$\begin{cases}x_1 = 0\,x_2 \quad 0 \quad 0\,x_4 \quad 0 \quad 0\\ x_3 = \quad 0 \quad 0\,x_4 \quad 0 \quad 0\end{cases}$

于是所求通解为

$$\begin{pmatrix}x_1\\x_2\\x_3\\x_4\end{pmatrix}=c_1\begin{pmatrix}0\\0\\0\\0\end{pmatrix}+c_2\begin{pmatrix}0\\0\\0\\0\end{pmatrix}+\begin{pmatrix}0\\0\\0\\0\end{pmatrix}$$

式中，c_1，c_2 为任意实数。

见1游戏4-9

设 $A=(a_1, a_2, a_3)=\begin{pmatrix}-3&6&2\\-3&5&2\\-1&2&1\end{pmatrix}$，

$B=(b_1, b_2)=\begin{pmatrix}-15&29\\-14&26\\-6&10\end{pmatrix}$

验证 a_1, a_2, a_3 是 R^3 的一个基，并求 b_1, b_2 在这个基中的坐标。

解：要证 a_1, a_2, a_3 是 R^3 的一个基，只要证 a_1, a_2, a_3 线性无关，即只要证 $A\sim E$。

设 $b_1 = x_{11}a_1 + x_{21}a_2 + x_{31}a_3$

$b_2 = x_{12}a_1 + x_{22}a_2 + x_{32}a_3$

即

$(b_1, b_2) = (a_1, a_2, a_3)\begin{pmatrix}x_{11}&x_{12}\\x_{21}&x_{22}\\x_{31}&x_{32}\end{pmatrix}$，记作 $B=AX$

对矩阵 (A, B) 施行初等行变换，若 A 能变为 E，则 a_1, a_2, a_3 为 R^3 的一个基，且当 A 变为 E 时，B 变为 $X=A^{-1}B$。

$$(A, B)=\begin{pmatrix}-3&6&2&-15&29\\-3&5&2&-14&26\\-1&2&1&-6&10\end{pmatrix}\sim\begin{pmatrix}0&0&0&0&0\\0&0&0&0&0\\0&0&0&0&0\end{pmatrix}$$

$$\sim\begin{pmatrix}0&0&0&0&0\\0&0&0&0&0\\0&0&0&0&0\end{pmatrix}\sim\begin{pmatrix}0&0&0&0&0\\0&0&0&0&0\\0&0&0&0&0\end{pmatrix}$$

因有 $A\sim E$，故 a_1, a_2, a_3 是 R^3 的一个基，且

$(b_1, b_2) = (a_1, a_2, a_3)\begin{pmatrix}0&0\\0&0\\0&0\end{pmatrix}$

即 b_1, b_2 在基 a_1, a_2, a_3 中的坐标依次为

0，0，0和0，0，0。

见1游戏4-10

在 R^3 中取定一个基：

$a_1=\begin{pmatrix}1\\1\\-1\end{pmatrix}$　$a_2=\begin{pmatrix}2\\10\\-2\end{pmatrix}$　$a_3=\begin{pmatrix}0\\-8\\4\end{pmatrix}$

再取一个新基：

$b_1=\begin{pmatrix}0\\1\\-1\end{pmatrix}$　$b_2=\begin{pmatrix}0\\10\\-2\end{pmatrix}$　$b_3=\begin{pmatrix}5\\-8\\5\end{pmatrix}$

则用 a_1, a_2, a_3 表示 b_1, b_2, b_3 的表示式（基变换公式）为

$$\begin{bmatrix}b_1&b_2&b_3\end{bmatrix}=\begin{bmatrix}a_1&a_2&a_3\end{bmatrix}\begin{pmatrix}0&0&0\\0&0&0\\0&0&0\end{pmatrix}$$

5 相似矩阵及二次型

本章主要讨论方阵的特征值与特征向量、方阵的相似对角化和二次型的化简等问题，其中涉及向量的内积、长度及正交等知识。

5.1 向量的内积、长度、正交性

定义 5-1 设实向量 $\boldsymbol{\alpha}=(a_1,a_2,\cdots,a_n)$，$\boldsymbol{\beta}=(b_1,b_2,\cdots,b_n)$，称实数

$$[\boldsymbol{\alpha},\boldsymbol{\beta}]=a_1b_1+a_2b_2+\cdots+a_nb_n$$

为$\boldsymbol{\alpha}$与$\boldsymbol{\beta}$的内积。

显然$[\boldsymbol{\alpha},\boldsymbol{\beta}]=\boldsymbol{\alpha}^{\mathrm{T}}\boldsymbol{\beta}$，设$\gamma=(c_1,c_2,\cdots,c_n)$，则

(1) $[\boldsymbol{\alpha},\boldsymbol{\beta}]=[\boldsymbol{\beta},\boldsymbol{\alpha}]$；

(2) $[k\boldsymbol{\alpha},\boldsymbol{\beta}]=k[\boldsymbol{\beta},\boldsymbol{\alpha}]$ （k 为常数）；

(3) $[\boldsymbol{\alpha}+\boldsymbol{\beta},\gamma]=[\boldsymbol{\alpha},\gamma]+[\boldsymbol{\beta},\gamma]$；

(4) 当$\boldsymbol{\alpha}\neq 0$时，$[\boldsymbol{\alpha},\boldsymbol{\alpha}]>0$；$\boldsymbol{\alpha}=\mathbf{0}$时，$[\boldsymbol{\alpha},\boldsymbol{\alpha}]=0$；

(5) $[\boldsymbol{\alpha},\boldsymbol{\beta}]^2\leqslant[\boldsymbol{\alpha},\boldsymbol{\alpha}][\boldsymbol{\beta},\boldsymbol{\beta}]$。

证(5) $\forall t\in R$，由$[\boldsymbol{\alpha}+t\boldsymbol{\beta},\boldsymbol{\alpha}+t\boldsymbol{\beta}]\geqslant 0$可得

$$[\boldsymbol{\alpha},\boldsymbol{\alpha}]+2[\boldsymbol{\alpha},\boldsymbol{\beta}]t+[\boldsymbol{\beta},\boldsymbol{\beta}]t^2\geqslant 0$$

$$\Delta\leqslant 0\Rightarrow 4[\boldsymbol{\alpha},\boldsymbol{\beta}]^2-4[\boldsymbol{\alpha},\boldsymbol{\alpha}]\cdot[\boldsymbol{\beta},\boldsymbol{\beta}]\leqslant 0$$

$$\Rightarrow[\boldsymbol{\alpha},\boldsymbol{\beta}]^2\leqslant[\boldsymbol{\alpha},\boldsymbol{\alpha}]\cdot[\boldsymbol{\beta},\boldsymbol{\beta}]$$

定义 5-2 设实向量$\boldsymbol{\alpha}$，称实数 $\|\boldsymbol{\alpha}\|=\sqrt{[\boldsymbol{\alpha},\boldsymbol{\alpha}]}$ 为$\boldsymbol{\alpha}$的长度(或范数)。当$\|\boldsymbol{\alpha}\|=1$时，称$\boldsymbol{\alpha}$为单位向量。

求一个向量的长度可以看成是一种运算，该运算有以下性质：

(1) $\boldsymbol{\alpha}\neq 0$时，$\|\boldsymbol{\alpha}\|>0$；$\boldsymbol{\alpha}=0$时，$\|\boldsymbol{\alpha}\|=0$；

(2) $\|k\boldsymbol{\alpha}\|=|k|\cdot\|\boldsymbol{\alpha}\|$ $(\forall k\in R)$；

(3) $\|\boldsymbol{\alpha}+\boldsymbol{\beta}\|\leqslant\|\boldsymbol{\alpha}\|+\|\boldsymbol{\beta}\|$。

证(3) $\|\boldsymbol{\alpha}+\boldsymbol{\beta}\|^2=[\boldsymbol{\alpha}+\boldsymbol{\beta},\boldsymbol{\alpha}+\boldsymbol{\beta}]=[\boldsymbol{\alpha},\boldsymbol{\alpha}]+2[\boldsymbol{\alpha},\boldsymbol{\beta}]+[\boldsymbol{\beta},\boldsymbol{\beta}]$

$$\leqslant\|\boldsymbol{\alpha}\|^2+2\|\boldsymbol{\alpha}\|\|\boldsymbol{\beta}\|+\|\boldsymbol{\beta}\|^2=\left(\|\boldsymbol{\alpha}\|+\|\boldsymbol{\beta}\|\right)^2$$

定义 5-3 设实向量$\boldsymbol{\alpha}\neq 0,\boldsymbol{\beta}\neq 0$，称 $\boldsymbol{\varphi}=\arccos\dfrac{[\boldsymbol{\alpha},\boldsymbol{\beta}]}{\|\boldsymbol{\alpha}\|\|\boldsymbol{\beta}\|}$ $(0\leqslant\varphi\leqslant\pi)$为$\boldsymbol{\alpha}$与$\boldsymbol{\beta}$之间的夹角。若$[\boldsymbol{\alpha},\boldsymbol{\beta}]=0$，称$\boldsymbol{\alpha}$与$\boldsymbol{\beta}$正交，记作$\boldsymbol{\alpha}\perp\boldsymbol{\beta}$。

(1) $\boldsymbol{\alpha}\neq 0,\boldsymbol{\beta}\neq 0$时，$\boldsymbol{\alpha}\perp\boldsymbol{\beta}\Leftrightarrow\varphi=\dfrac{\pi}{2}$；

(2) $\boldsymbol{\alpha}=0$或$\boldsymbol{\beta}=0$时，$\boldsymbol{\alpha}\perp\boldsymbol{\beta}$。

若$\boldsymbol{\alpha}\neq 0$，则$\boldsymbol{\alpha}_0=\dfrac{1}{\|\boldsymbol{\alpha}\|}\boldsymbol{\alpha}$为与$\boldsymbol{\alpha}$同方向的单位向量。

定义 5-4 若向量组$\boldsymbol{a}_1,\boldsymbol{a}_2,\cdots,\boldsymbol{a}_n$满足$[a_i,a_j]=0\quad(i\neq j)$，则称该向量组两两正交。若向量组$\boldsymbol{a}_1,\boldsymbol{a}_2,\cdots,\boldsymbol{a}_n$还是向量空间$\boldsymbol{V}$的一个基，则称$\boldsymbol{a}_1,\boldsymbol{a}_2,\cdots,\boldsymbol{a}_n$为$\boldsymbol{V}$的一个正交基，若还有$\|a_i\|=1\quad(i=1,2,\cdots,r)$,则称$\boldsymbol{a}_1,\boldsymbol{a}_2,\cdots,\boldsymbol{a}_n$为$\boldsymbol{V}$的一个规范正交基。

定理 5-1 若n维向量组$\boldsymbol{a}_1,\boldsymbol{a}_2,\cdots,\boldsymbol{a}_r$是一组两两正交的非零向量组，则向量组$\boldsymbol{a}_1,\boldsymbol{a}_2,\cdots,\boldsymbol{a}_r$线性无关。

证明： 设有$\lambda_1,\lambda_2,\cdots,\lambda_r$使得

$$\lambda_1\boldsymbol{a}_1+\lambda_2\boldsymbol{a}_2+\cdots+\lambda_r\boldsymbol{a}_r=0$$

以$\boldsymbol{a}_1^{\mathrm{T}}$左乘上式两端，因当$i\geqslant 2$时，$\boldsymbol{a}_1^{\mathrm{T}}\boldsymbol{a}_i=0$，故得

$$\lambda_1\boldsymbol{a}_1^{\mathrm{T}}\boldsymbol{a}_1=0$$

因$\boldsymbol{a}_1\neq 0$，故$\boldsymbol{a}_1^{\mathrm{T}}\boldsymbol{a}_1\neq 0$，从而必有$\lambda_1=0$，类似可证$\lambda_2=0,\cdots,\lambda_r=0$，于是向量组$\boldsymbol{a}_1,\boldsymbol{a}_2,\cdots,\boldsymbol{a}_r$线性无关。
证毕。

定义 5-5 设向量空间$\boldsymbol{V}$的基为$\alpha_1,\alpha_2,\cdots,\alpha_r$，称

$$\beta_1=\alpha_1$$

$$\beta_2=\alpha_2-\frac{[\beta_1,\alpha_2]}{[\beta_1,\beta_1]}\beta_1$$

$$\vdots$$

$$\boldsymbol{\beta}_r=\boldsymbol{\alpha}_r-\frac{[\boldsymbol{\beta}_1,\boldsymbol{\alpha}_r]}{[\boldsymbol{\beta}_1,\boldsymbol{\beta}_1]}\boldsymbol{\beta}_1-\frac{[\boldsymbol{\beta}_2,\boldsymbol{\alpha}_r]}{[\boldsymbol{\beta}_2,\boldsymbol{\beta}_2]}\boldsymbol{\beta}_1-\cdots-\frac{[\boldsymbol{\beta}_{r-1},\boldsymbol{\alpha}_{r-1}]}{[\boldsymbol{\beta}_{r-1},\boldsymbol{\beta}_{r-1}]}\boldsymbol{\beta}_{r-1}$$

为将向量组 $\boldsymbol{\alpha}_1,\cdots,\boldsymbol{\alpha}_r$ 变为正交向量组的 Schmidt 正交化过程。

容易验证 $\boldsymbol{\rho}_1,\boldsymbol{\rho}_2,\cdots,\boldsymbol{\rho}_r$ 为两两正交向量组。

课堂练习 5-1

已知 3 维向量空间 R^3 中两个向量

$a_1=\begin{pmatrix}1\\2\\-1\end{pmatrix}$，$a_2=\begin{pmatrix}2\\-2\\-2\end{pmatrix}$，

正交，试求一个非零向量 a_3，使 a_1，a_2，a_3 两两正交。

解：记 $A=\begin{pmatrix}a_1^T\\a_2^T\end{pmatrix}=\begin{pmatrix}1&2&-1\\2&-2&-2\end{pmatrix}$

a_3 应满足齐次线性方程组 $Ax=0$，即

$A=\begin{pmatrix}1&2&-1\\2&-2&-2\end{pmatrix}\sim\begin{pmatrix}1&2&-1\\0&-6&0\end{pmatrix}\sim\begin{pmatrix}1&2&-1\\0&1&0\end{pmatrix}\sim\begin{pmatrix}1&0&-1\\0&1&0\end{pmatrix}$

从而得基础解系

$\begin{pmatrix}1\\0\\1\end{pmatrix}$

取 $a_3=\begin{pmatrix}1\\0\\1\end{pmatrix}$ 即合所求。

课堂练习 5-2

用施密特正交化方法将向量组

$a_1=\begin{pmatrix}1\\-1\\-3\end{pmatrix}$，$a_2=\begin{pmatrix}0\\2\\4\end{pmatrix}$，$a_3=\begin{pmatrix}-1\\-3\\2\end{pmatrix}$

正交化结果为

$b_1=a_1$，$b_2=\begin{pmatrix}1.2727\\0.7273\\0.1818\end{pmatrix}$，$b_3=\begin{pmatrix}1.1667\\-2.333\\1.1667\end{pmatrix}$

课堂练习 5-3

已知 $a_1=\begin{pmatrix}1\\-3\\4\end{pmatrix}$，求一组非零向量 a_2，a_3，使 a_1，a_2，a_3 两两正交。

解：a_2，a_3 应满足方程 $a_1^T x = 0$，即

$$1x_1 + 3x_2 + 4x_3 = 0$$

其基础解系为

$$\xi_1 = \begin{pmatrix} 3 \\ 1 \\ 0 \end{pmatrix}, \quad \xi_2 = \begin{pmatrix} -0 \\ 0 \\ 1 \end{pmatrix}$$

把基础解系正交化，即合所求，亦即取

$$a_2 = \xi_1,$$

$$a_3 = \xi_2 - \frac{[\xi_1, \xi_2]}{[\xi_1, \xi_1]} \xi_1$$

$$= \begin{pmatrix} -0.25 \\ 0 \\ 1 \end{pmatrix} + 0.075 \begin{pmatrix} 3 \\ 1 \\ 0 \end{pmatrix} = \begin{pmatrix} -0.025 \\ 0.075 \\ 1 \end{pmatrix}$$

课堂练习 5-4

设方阵 A 满足 $A^2 + 16A + 63E = \mathbf{0}$，且 $A^T = A$，证明 $A + 8E$ 为正交矩阵。

证明：因为

$$(A + 8E)^T (A + 8E)$$

$$= (A^T + 8E^T)^T (A + 8E)$$

$$= (A + 8E)(A + 8E)$$

$$= A^2 + 16A + 64E$$

$$= A^2 + 16A + 63E + E$$

$$= E$$

故 $A + 8E$ 为正交矩阵。

课堂练习 5-5

设 $\mathbf{a} = \begin{pmatrix} 1 \\ 0 \\ -2 \end{pmatrix}$，$\mathbf{b} = \begin{pmatrix} 1 \\ 2 \\ -6 \end{pmatrix}$，$\mathbf{c}$ 与 $\mathbf{a}$ 正交，且 $\mathbf{b} = \lambda \mathbf{a} + \mathbf{c}$，求 λ 和 $\mathbf{c}$。

解：以 $\mathbf{a}^T$ 左乘题设关系式得：$\mathbf{a}^T \mathbf{b} = \lambda \mathbf{a}^T \mathbf{a} + \mathbf{a}^T \mathbf{c}$，因 $\mathbf{c}$ 与 $\mathbf{a}$ 正交，有 $\mathbf{a}^T \mathbf{b} = \lambda \mathbf{a}^T \mathbf{a}$，又因 $\mathbf{a} \neq 0$，所以

$$\lambda = -\frac{\mathbf{a}^T \mathbf{b}}{\mathbf{a}^T \mathbf{a}} = 2.6$$

$$\mathbf{c} = \mathbf{b} - \lambda \mathbf{a} = \begin{pmatrix} -1.6 \\ 2 \\ -0.8 \end{pmatrix}。$$

课堂练习 5-6

若可逆矩阵 A 可以表示矩阵 B 与矩阵 U 相乘，其中 B 的任意两个不同的列向量正交，U 为主对角线元素全为 1 的上三角矩阵，则称 B U 为 A 的列正上分解。求下面的矩阵 A 的列正上分解。

$$A=\begin{pmatrix}1&-1&2&-2\\0&1&1&0\\0&0&1&1\\1&-2&2&-2\end{pmatrix}$$

解：设 $A=(a_1\ a_2\ a_3\ a_4)$，因矩阵 A 可逆，所以向量组 a_1，a_2，a_3，a_4 线性无关。设

$$b_1=a_1$$
$$b_2=a_2-x\,b_1$$
$$b_3=a_3-y_1\,b_1-y_2\,b_2$$
$$b_4=a_4-z_1\,b_1-z_2\,b_2-z_3\,b_3$$

这里 $b_1\ b_2\ b_3\ b_4$ 与 x、y_1、y_2、z_1、z_2、z_3 由施密特正交化方法来确定。

即

$$a_1=b_1$$
$$a_2=b_2+x\,b_1$$
$$a_3=b_3+y_1\,b_1+y_2\,b_2$$
$$a_4=b_4+z_1\,b_1+z_2\,b_2+z_3\,b_3$$

则

$$(a_1\ a_2\ a_3\ a_4)=(b_1\ b_2\ b_3\ b_4)\begin{pmatrix}1&x&y_1&z_1\\0&1&y_2&z_2\\0&0&1&z_3\\0&0&0&1\end{pmatrix}$$

令 $B=(b_1\ b_2\ b_3\ b_4)$，$U=\begin{pmatrix}1&x&y_1&z_1\\0&1&y_2&z_2\\0&0&1&z_3\\0&0&0&1\end{pmatrix}$ 即可。

$$b_1=a_1=\begin{pmatrix}1\\0\\0\\1\end{pmatrix},\quad x=-1.5,\quad b_2=\begin{pmatrix}0.5\\1\\0\\-0.5\end{pmatrix}$$

$$y_1=2,\quad y_2=0.6667,\quad b_3=\begin{pmatrix}-0.333\\0.3333\\1\\0.3333\end{pmatrix}$$

$$z_1=-2,\quad z_2=0,\quad z_3=0.75,\quad b_4=\begin{pmatrix}0.25\\-0.25\\0.25\\-0.25\end{pmatrix}$$

定义 5-6　如果 n 阶方阵 $\boldsymbol{A}$ 满足

$$\boldsymbol{A}^{\mathrm{T}}\boldsymbol{A}=\boldsymbol{E}\quad(\text{即 }\boldsymbol{A}^{-1}=\boldsymbol{A}^{\mathrm{T}})$$

则称 $\boldsymbol{A}$ 为正交矩阵，简称正交阵。

例 5-1　验证矩阵

$$\boldsymbol{P}=\begin{pmatrix}\frac{1}{2} & -\frac{1}{2} & \frac{1}{2} & -\frac{1}{2}\\ \frac{1}{2} & -\frac{1}{2} & -\frac{1}{2} & \frac{1}{2}\\ \frac{1}{\sqrt{2}} & \frac{1}{\sqrt{2}} & 0 & 0\\ 0 & 0 & \frac{1}{\sqrt{2}} & \frac{1}{\sqrt{2}}\end{pmatrix}$$

是正交阵。

证明: $\boldsymbol{P}$ 的每个列向量都是单位向量，且两两正交，所以是正交阵。

定义 5-7　若 $\boldsymbol{P}$ 是正交矩阵，则线性变换 $\boldsymbol{y}=\boldsymbol{P}\boldsymbol{x}$ 称为正交变换。

设 $\boldsymbol{y}=\boldsymbol{P}\boldsymbol{x}$ 称为正交变换，则有

$$\|\boldsymbol{y}\|=\sqrt{\boldsymbol{y}^{\mathrm{T}}\boldsymbol{y}}=\sqrt{\boldsymbol{x}^{\mathrm{T}}\boldsymbol{P}^{\mathrm{T}}\boldsymbol{P}\boldsymbol{x}}=\sqrt{\boldsymbol{x}^{\mathrm{T}}\boldsymbol{x}}=\|\boldsymbol{x}\|$$

由于 $\|\boldsymbol{x}\|$ 表示向量的长度，相当于线段的长度，因此 $\|\boldsymbol{y}\|=\|\boldsymbol{x}\|$ 说明经正交变换线段的长度保持不变，这是正交变换的优良特性。

5.2　矩阵的特征值与特征向量

定义 5-8　对于 n 阶方阵 $\boldsymbol{A}$，若有数 λ 和向量 $\boldsymbol{x}\neq 0$ 满足 $\boldsymbol{A}\boldsymbol{x}=\lambda\boldsymbol{x}$，称 λ 为 $\boldsymbol{A}$ 特征值，称 $\boldsymbol{x}$ 为 $\boldsymbol{A}$ 的属于特征值 λ 的特征向量。

特征方程: $\boldsymbol{A}\boldsymbol{x}=\lambda\boldsymbol{x}\Leftrightarrow(\boldsymbol{A}-\lambda\boldsymbol{E})\boldsymbol{x}=\boldsymbol{0}$　或者　$(\lambda\boldsymbol{E}-\boldsymbol{A})\boldsymbol{x}=\boldsymbol{0}$

$$(\boldsymbol{A}-\lambda\boldsymbol{E})\boldsymbol{x}=\boldsymbol{0}\text{有非零解}\Leftrightarrow\det(\boldsymbol{A}-\lambda\boldsymbol{E})=\boldsymbol{0}$$
$$\Leftrightarrow\det(\lambda\boldsymbol{E}-\boldsymbol{A})=\boldsymbol{0}$$

特征矩阵: $\boldsymbol{A}-\lambda\boldsymbol{E}$　或者　$\lambda\boldsymbol{E}-\boldsymbol{A}$

特征多项式:

$$\varphi(\lambda)=\det(\boldsymbol{A}-\lambda\boldsymbol{E})=\begin{vmatrix} a_{11}-\lambda & a_{12} & \dots & a_{1n} \\ a_{21} & a_{22}-\lambda & \dots & a_{2n} \\ \dots & \dots & 0 & \dots \\ a_{n1} & a_{n2} & \dots & a_{nn}-\lambda \end{vmatrix}$$

$$=a_0\lambda^n+a_1\lambda^{n-1}+\dots+a_{n-1}\lambda+a_n \quad [a_0=(-1)^n]$$

定理 5-2　设 $\boldsymbol{A}=(a_{ij})_{n\times n}$ 的特征值 $\lambda_1,\lambda_2,\cdots,\lambda_n$，$\mathrm{tr}\boldsymbol{A}=a_{11}+a_{22}+\cdots+a_{nn}$，则

(1) $\mathrm{tr}\boldsymbol{A}=\lambda_1+\lambda_2+\cdots+\lambda_n$；

(2) $\det\boldsymbol{A}=\lambda_1\lambda_2\cdots\lambda_n$。

证明(略)。

定理 5-3　设 $\boldsymbol{A}_{n\times n}$ 的互异特征值为 $\lambda_1,\lambda_2,\cdots,\lambda_m$，对应的特征向量依次为 $\boldsymbol{p}_1,\boldsymbol{p}_2,\cdots,\boldsymbol{p}_m$，则向量组 $\boldsymbol{p}_1,\boldsymbol{p}_2,\cdots,\boldsymbol{p}_m$ 线性无关。

证明： 采用数学归纳法。

$m=1$时，$\boldsymbol{p}_1\neq 0\Rightarrow\boldsymbol{p}_1$线性无关。

设$m=l$时，$\boldsymbol{p}_1,\cdots,\boldsymbol{p}_l$线性无关，下面证明 $\boldsymbol{p}_1,\cdots,\boldsymbol{p}_l,\boldsymbol{p}_{l+1}$ 线性无关。设数组 $k_1,\cdots,k_l,k_{l+1}$ 使得

$$k_1\boldsymbol{p}_1+\cdots+k_l\boldsymbol{p}_l+k_{l+1}\boldsymbol{p}_{l+1}=0 \tag{5-1}$$

左乘 $\boldsymbol{A}$，利用 $\boldsymbol{A}p_i=\lambda_i p_i$ 可得

$$k_1\lambda_1\boldsymbol{p}_1+\cdots+k_l\lambda_l\boldsymbol{p}_l+k_{l+1}\lambda_{l+1}\boldsymbol{p}_{l+1}=0 \tag{5-2}$$

式(5-2)$-\lambda_{l+1}$式(5-1)：$k_1(\lambda_1-\lambda_{l+1})\boldsymbol{p}_1+\cdots+k_l(\lambda_l-\lambda_{l+1})\boldsymbol{p}_l=0$

因为 $\boldsymbol{p}_1,\dots,\boldsymbol{p}_l$ 线性无关(归纳法假设)，所以

$$k_1(\lambda_1-\lambda_{l+1})=0,\cdots,k_l(\lambda_l-\lambda_{l+1})=0\Rightarrow k_1=0,\cdots,k_l=0$$

代入(5-1)可得 $k_{l+1}\boldsymbol{p}_{l+1}=0\Rightarrow k_{l+1}=0$，故 $\boldsymbol{p}_1,\cdots,\boldsymbol{p}_l,\boldsymbol{p}_{l+1}$ 线性无关。

根据归纳法原理，对于任意正整数 m，结论成立。

证毕。

课堂练习 5-7

设 $A=\begin{pmatrix}5 & -1\\ -1 & 5\end{pmatrix}$，求矩阵A的特征值和特征向量。

解：$\lambda E-A=\begin{vmatrix}\lambda-5 & 1\\ 1 & \lambda-5\end{vmatrix}=\begin{vmatrix}\lambda-4 & 1\\ \lambda-4 & \lambda-5\end{vmatrix}=(\lambda-4)\begin{vmatrix}1 & 1\\ 1 & \lambda-5\end{vmatrix}$

第2列加到第1列

$=(\lambda-4)\begin{vmatrix}1 & 1\\ 0 & \lambda-6\end{vmatrix}$

则 $\lambda_1=4$，$\lambda_2=6$ 为矩阵 A 的两个特征值。

当 $\lambda_1=4$ 时，$4E-A=\begin{pmatrix}-1 & 1\\ 1 & -1\end{pmatrix}\sim\begin{pmatrix}1 & -1\\ 1 & -1\end{pmatrix}$

$\sim\begin{pmatrix}1 & -1\\ 0 & -2\end{pmatrix}$ 则 $p_1=\begin{pmatrix}1\\ 1\end{pmatrix}$ 为 λ_1 的特征向量。

当 $\lambda_2=6$ 时，$6E-A=\begin{pmatrix}1 & 1\\ 1 & 1\end{pmatrix}\sim\begin{pmatrix}1 & 1\\ 0 & 0\end{pmatrix}$

则 $p_2=\begin{pmatrix}-1\\ 1\end{pmatrix}$ 为 λ_2 的特征向量。

课堂练习 5-8

求矩阵 $A=\begin{pmatrix}-1 & 1 & 0\\ -1 & -3 & 0\\ -7 & 0 & 5\end{pmatrix}$ 的特征值和特征向量。

解：A 的特征多项式为

$$|A-\lambda E|=\begin{vmatrix}-1-\lambda & 1 & 0\\ -1 & -3-\lambda & 0\\ -7 & 0 & 5-\lambda\end{vmatrix}$$

$$=(5-\lambda)(-2-\lambda)^2$$

所以 A 的特征值为 $\lambda_1=5$，$\lambda_2=\lambda_3=-2$

当 $\lambda_1=5$ 时，解方程 $(A-5E)x=0$，由

$$A-5E=\begin{pmatrix}-6 & 1 & 0\\ -1 & -8 & 0\\ -7 & 0 & 0\end{pmatrix}\sim\begin{pmatrix}0 & 1 & 0\\ 1 & 0 & 0\\ 0 & 0 & 0\end{pmatrix}$$

得基础解系

$$p_1=\begin{pmatrix}0\\ 0\\ 1\end{pmatrix}$$

所以 $kp_1\ (k\neq0)$ 是对应于 $\lambda_1=5$ 的全部特征向量。

当 $\lambda_2=\lambda_3=-2$ 时，解方程 $(A+2E)x=0$，由

$$A+2E=\begin{pmatrix}1 & 1 & 0\\ -1 & -1 & 0\\ -7 & 0 & 7\end{pmatrix}\sim\begin{pmatrix}1 & 1 & 0\\ -1 & -1 & 0\\ -7 & 0 & 7\end{pmatrix}\sim\begin{pmatrix}1 & 1 & 0\\ 0 & 0 & 0\\ 0 & 7 & 7\end{pmatrix}\sim\begin{pmatrix}1 & 1 & 0\\ 0 & 0 & 0\\ 0 & 1 & 1\end{pmatrix}$$

$$\sim\begin{pmatrix}1&0&-1\\0&0&0\\0&1&1\end{pmatrix}\sim\begin{pmatrix}1&0&-1\\0&1&1\\0&0&0\end{pmatrix}$$

得基础解系

$$p_2=\begin{pmatrix}1\\-1\\1\end{pmatrix}$$

所以 $k\ p_2\ (k\neq 0)$ 是对应于 $\lambda_2=\lambda_3=-2$ 的全部特征向量。

课堂练习 5-9

设5阶矩阵 A 的特征值为 -5，-5，-1，8，-4，P 是5阶可逆矩阵，$B=P^{-1}AP$，则 $R(B)=5$，$|B|=800$。

课堂练习 5-10

设3阶矩阵 A 的特征值为 2，1，-1，求 $A^*-3A-1E$ 的特征值。

解：因为 A 的特征值全不为 0，知 A 可逆，故 $A^*=|A|A^{-1}$，$|A|=\lambda_1\lambda_2\lambda_3=-2$，所以

$$A^*-3A-1E=-2A^{-1}-3A-1E$$

把上式记作 $\phi(A)$，有 $\phi(\lambda)=-2\lambda^{-1}-3\lambda-1$

这里 $\phi(A)$ 虽不是矩阵多项式，但也具有矩阵多项式的特性，从而可得 $\phi(A)$ 的特征值为 $\phi(2)=-8$，$\phi(1)=-6$，$\phi(-1)=4$。

课堂练习 5-11

设 $\xi=\begin{pmatrix}1\\-1\\3\end{pmatrix}$ 是矩阵 $A=\begin{pmatrix}7&0&4\\0&a&-3\\1&b&2\end{pmatrix}$ 的一个特征向量，求 a 和 b 及特征向量 ξ 所对应的特征值 λ。

解：根据已知条件有：$A\xi=\lambda\xi$，即

$$\begin{pmatrix}7&0&4\\0&a&-3\\1&b&2\end{pmatrix}\begin{pmatrix}1\\-1\\3\end{pmatrix}=\lambda\begin{pmatrix}1\\-1\\3\end{pmatrix}，$$

也即

$$\begin{cases}7\times 1+0\times(-1)+4\times 3=\lambda\\0\times 1+a\times(-1)+(-3)\times 3=-1\times\lambda\\1\times 1+b\times(-1)+2\times 3=3\times\lambda\end{cases}$$

则 $a=10$，$b=-50$，$\lambda=19$。

课堂练习 5-12

设有6阶方阵A满足条件$|2E+A|=0$，$AA^T=3E$，$|A|<0$，证明13.5是A的伴随矩阵A^*的一个特征值。

证明：由$|2E+A|=0$，
则$|-2E-A|=(-1)^6|2E+A|=0$，则-2是A的一个特征值。
由$AA^T=3E$，则$|A^2|=|AA^T|=|3E|=729$，
由$|A|<0$，则$|A|=-27$，
因$A^*=|A|A^{-1}$，则$-27/-2=13.5$是A的伴随矩阵A^*的一个特征值。

课堂练习 5-13

设A为3阶矩阵，α_1，α_2为A的分别属于特征值-28，1的特征向量，向量α_3满足$A\alpha_3=\alpha_1+\alpha_2$。
（1）证明α_1，α_2，α_3线性无关；
（2）令$P=(\alpha_1,\alpha_2,\alpha_3)$，求$P^{-1}AP$。

解：
（1）由特征值和特征向量的定义知：

$A\alpha_1=-28\alpha_1$，$A\alpha_2=1\alpha_2$

设 $k_1\alpha_1+k_2\alpha_2+k_3\alpha_3=0$ (5-3)

用A左乘式(5-3)得

$-28k_1\alpha_1+1k_2\alpha_2+k_3(\alpha_1+\alpha_2)=0$ (5-4)

式(5-4)－式(5-3)得

$-29k_1\alpha_1+1k_3\alpha_2=0$ (5-5)

因为α_1，α_2为A不同特征值的特征向量，所以α_1，α_2线性无关，由式(5-5)知$k_1=0$，$k_3=0$，代入式(5-3)有$k_2\alpha_2=0$，因为α_2是特征向量，所以$\alpha_2\neq 0$，即$k_2=0$，从而α_1，α_2，α_3线性无关。

（2）因为

$$A(\alpha_1,\alpha_2,\alpha_3)=(\alpha_1,\alpha_2,\alpha_3)\begin{pmatrix}-28&0&0\\0&1&1\\0&0&1\end{pmatrix}$$

所以

$$P^{-1}AP=\begin{pmatrix}-28&0&0\\0&1&1\\0&0&1\end{pmatrix}$$

课堂练习 5-14

假设-25为35阶可逆矩阵A的一个特征值，证明-0.04为A^{-1}的特征值。

证明：
因-25为35阶可逆矩阵A的一个特征值，则存在一个35维的非0向量x，使得$Ax=-25x$，
则$A^{-1}x=-0.04x$
证毕。

课堂练习 5-15

设三阶实对称矩阵A的特征值为 $\lambda_1 = -1$，$\lambda_2 = \lambda_3 = 18$，对应于 λ_1 的特征向量为 $\xi_1 = \begin{pmatrix} 0 \\ 1 \\ 1 \end{pmatrix}$，求A。

解：

设对应于 $\lambda_2 = \lambda_3 = 18$ 的特征向量为 $\xi = \begin{pmatrix} x_1 \\ x_2 \\ x_3 \end{pmatrix}$，根据A为实对称矩阵的假设知 $\xi^T \xi_1 = 0$，即

$$x_2 + x_3 = 0$$

解得 $\xi_2 = \begin{pmatrix} 1 \\ 0 \\ 0 \end{pmatrix}$，$\xi_3 = \begin{pmatrix} 0 \\ 1 \\ -1 \end{pmatrix}$，于是 $A(\xi_1, \xi_2, \xi_3) = (\lambda_1\xi_1, \lambda_2\xi_2, \lambda_3\xi_3)$

有 $A = (\lambda_1\xi_1, \lambda_2\xi_2, \lambda_3\xi_3)(\xi 1, \xi 2, \xi 3)^{-1}$

$$= \begin{pmatrix} 0 & 18 & 0 \\ -1 & 0 & 18 \\ -1 & 0 & -18 \end{pmatrix} \begin{pmatrix} 0 & 1 & 0 \\ 1 & 0 & 1 \\ 1 & 0 & -1 \end{pmatrix}^{-1} = \begin{pmatrix} 18 & 0 & 0 \\ 0 & 8.5 & -10 \\ 0 & -10 & 8.5 \end{pmatrix}$$

课堂练习 5-16

设A为2阶矩阵，α_1，α_2 为线性无关的2维列向量，$A\alpha_1 = 0$，$A\alpha_2 = 8\alpha_1 + 25\alpha_2$，则A的非零特征值是25。

5.3 相似矩阵

定义 5-9 对于 n 阶方阵 A 和 B，若有可逆矩阵 P 使得 $P^{-1}AP = B$，称 A 相似于 B，记作 $A \sim B$。

定理 5-4 若 n 阶方阵 A 与 B 相似，则 A 与 B 的特征多项式相同，从而 A 与 B 的特征值也相同。

证明：由 $P^{-1}AP = B$ 可得 $B - \lambda E = P^{-1}AP - \lambda E = P^{-1}(A - \lambda E)P$

$$|B - \lambda E| = |P^{-1}| \cdot |A - \lambda E| \cdot |P| = |A - \lambda E|$$

证毕。

定义 5-10 若方阵 A 能够与一个对角矩阵相似，称 A 可对角化。

定理 5-5 n 阶方阵 A 可对角化 $\Leftrightarrow$ A 有 n 个线性无关的特征向量。

证必要性：设可逆矩阵 P 使得

$$P^{-1}AP=\begin{pmatrix}\lambda_1 & & \\ & \ddots & \\ & & \lambda_n\end{pmatrix}=\Lambda$$

即 $AP=P\Lambda$， $P=[p_1,p_2,\cdots,p_n]$，则有

$$A[p_1,p_2,\cdots,p_n]=[p_1,p_2,\cdots,p_n]\Lambda$$

$$\Rightarrow[Ap_1,Ap_2,\cdots,Ap_n]=[\lambda_1p_1,\lambda_2p_2,\cdots,\lambda_np_n]$$

$$\Rightarrow Ap_i=\lambda_ip_i\quad(i=1,2,\cdots,n)$$

因为 P 为可逆矩阵，所以它的列向量组 $p_1,p_2,\cdots,p_n$ 线性无关。

上式表明：$p_1,p_2,\cdots,p_n$ 是 A 的 n 个线性无关的特征向量。

证充分性：设 $p_1,p_2,\cdots,p_n$ 线性无关，且满足 $Ap_i=\lambda_ip_i$ $(i=1,2,\cdots,n)$，则 $P=[p_1,p_2,\cdots,p_n]$ 为可逆矩阵，且有

$$\begin{aligned}AP&=[Ap_1,Ap_2,\cdots,Ap_n]=[\lambda_1p_1,\lambda_2p_2,\cdots,\lambda_np_n]\\&=[p_1,p_2,\cdots,p_n]\Lambda=P\Lambda\end{aligned}$$

即 $P^{-1}AP=\Lambda$。

证毕。

注：$A\sim\Lambda\Rightarrow\Lambda$ 的主对角元素为 A 的特征值。

推论 5-1 $A_{n\times n}$ 有 n 个互异特征值$\Rightarrow A$ 可对角化。

推论 5-2 设 $A_{n\times n}$ 的全体互异特征值为 $\lambda_1,\lambda_2,\cdots,\lambda_m$，重数依次为 $r_1,r_2,\cdots,r_m$，则 A 可对角化的充要条件是，对应于每个特征值 λ_i，A 有 r_i 个线性无关的特征向量。

例 5-2 判断下列矩阵可否对角化：

$$(1)\ A=\begin{pmatrix}0&1&0\\0&0&1\\-6&-11&-6\end{pmatrix},\ (2)\ A=\begin{pmatrix}1&2&2\\2&1&2\\2&2&1\end{pmatrix},\ (3)\ A=\begin{pmatrix}-1&1&0\\-4&3&0\\1&0&2\end{pmatrix}$$

解：(1) $\varphi(\lambda)=-(\lambda+1)(\lambda+2)(\lambda+3)$

A 有 3 个互异特征值 $\Rightarrow A$ 可对角化。

对应于 $\lambda_1=-1,\lambda_2=-2,\lambda_3=-3$ 的特征向量依次为

$$p_1=\begin{pmatrix}1\\-1\\1\end{pmatrix},\ p_2=\begin{pmatrix}1\\-2\\4\end{pmatrix},\ p_3=\begin{pmatrix}1\\-3\\9\end{pmatrix}$$

构造矩阵 $P=\begin{pmatrix}1&1&1\\-1&-2&-3\\1&4&9\end{pmatrix},\ \Lambda=\begin{pmatrix}-1&&\\&-2&\\&&-3\end{pmatrix}$

则有 $P^{-1}AP=\Lambda$。

(2) $\varphi(\lambda)=-(\lambda-5)(\lambda+1)^2$

求得 A 有 3 个线性无关的特征向量$\Rightarrow A$ 可对角化。

对应于 $\lambda_1=5,\lambda_2=\lambda_3=-1$ 的特征向量依次为

$$p_1=\begin{pmatrix}1\\1\\1\end{pmatrix},\ p_2=\begin{pmatrix}-1\\1\\0\end{pmatrix},\ p_3=\begin{pmatrix}-1\\0\\1\end{pmatrix}$$

构造矩阵 $P=\begin{pmatrix}1&-1&-1\\1&1&0\\1&0&1\end{pmatrix},\ \Lambda=\begin{pmatrix}5&&\\&-1&\\&&-1\end{pmatrix}$

则有 $P^{-1}AP=\Lambda$。

(3) $\varphi(\lambda)=-(\lambda-2)(\lambda-1)^2$，例 5-2 求得，对应于 2 重特征值 $\lambda_2=\lambda_3=1$, A 只有 1 个线性无关的特征向量 $\Rightarrow A$ 不可对角化。

例 5-3 设 $A=\begin{pmatrix}1&2&2\\2&1&2\\2&2&1\end{pmatrix}$，求 $A^k\ (k=2,3,\cdots)$。

解：在例 5-2 中已求出 $P=\begin{pmatrix}1&-1&-1\\1&1&0\\1&0&1\end{pmatrix},\ \Lambda=\begin{pmatrix}5&&\\&-1&\\&&-1\end{pmatrix}$，则

$P^{-1}AP=\Lambda$：$A=P\Lambda P^{-1},A^k=P\Lambda^kP^{-1}$

故 $$A^k=\begin{pmatrix}1&-1&-1\\1&1&0\\1&0&1\end{pmatrix}\cdot\begin{pmatrix}5^k&&\\&(-1)^k&\\&&(-1)^k\end{pmatrix}\cdot\frac{1}{3}\begin{pmatrix}1&1&1\\-1&2&-1\\-1&-1&2\end{pmatrix}$$

$$=\frac{1}{3}\begin{pmatrix}5^k+2\delta & 5^k-\delta & 5^k-\delta\\ 5^k-\delta & 5^k+2\delta & 5^k-\delta\\ 5^k-\delta & 5^k-\delta & 5^k+2\delta\end{pmatrix}\quad(\delta=(-1)^k)$$

课堂练习 5-17

求矩阵 $A=\begin{pmatrix}1 & 0 & -2\\ 3 & 3 & x\\ -2 & 0 & 1\end{pmatrix}$

问 x 为何值时，矩阵 A 能对角化？

解：A 的特征多项式为

$$|A-\lambda E|=\begin{vmatrix}1-\lambda & 0 & -2\\ 3 & 3-\lambda & x\\ -2 & 0 & 1-\lambda\end{vmatrix}$$

$$=(3-\lambda)\begin{vmatrix}1-\lambda & -2\\ -2 & 1-\lambda\end{vmatrix}$$

$$=(-1-\lambda)(3-\lambda)^2$$

则 $\lambda_1=-1$，$\lambda_2=\lambda_3=3$。

对应单根 $\lambda_1=-1$，可求得线性无关的特征向量恰好有1个，故矩阵A可对角化的充分必要条件是对应重根 $\lambda_2=\lambda_3=3$，有2个线性无关的特征向量，即方程 $(A+3E)x=0$ 有2个线性无关的解，亦即系数矩阵 $A+3E$ 的秩 $R(A+3E)=1$。

由

$$A+3E=\begin{pmatrix}-2 & 0 & -2\\ 3 & 0 & x\\ -2 & 0 & -2\end{pmatrix}$$

要 $R(A+3E)=1$，即得 $x=3$。此时矩阵A能对角化。

5.4 对称矩阵的对角化

定理 5-6 对称矩阵的特征值为实数

证明：设 $\boldsymbol{Ax}=\lambda\boldsymbol{x}\,(\boldsymbol{x}\neq 0)$，$\boldsymbol{x}=(\xi_1,\xi_2,\ldots,\xi_n)^{\mathrm{T}}$，则有

$$\overline{\boldsymbol{x}}^{\mathrm{T}}\boldsymbol{x}=|\xi_1|^2+|\xi_2|^2+\ldots+|\xi_n|^2>0$$

$$\overline{\boldsymbol{x}}^{\mathrm{T}}\boldsymbol{Ax}=\overline{\boldsymbol{x}}^{\mathrm{T}}(\boldsymbol{Ax})=\overline{\boldsymbol{x}}^{\mathrm{T}}(\lambda\boldsymbol{x})=\lambda(\overline{\boldsymbol{x}}^{\mathrm{T}}\boldsymbol{x})$$

$$\overline{\boldsymbol{x}}^{\mathrm{T}}\boldsymbol{Ax}=(\overline{\boldsymbol{x}}^{\mathrm{T}}\overline{\boldsymbol{A}}^{\mathrm{T}})\boldsymbol{x}=(\overline{\boldsymbol{Ax}})^{\mathrm{T}}\boldsymbol{x}=(\overline{\lambda\boldsymbol{x}})^{\mathrm{T}}\boldsymbol{x}=\overline{\lambda}(\overline{\boldsymbol{x}}^{\mathrm{T}}\boldsymbol{x})$$

故 $\lambda(\overline{\boldsymbol{x}}^{\mathrm{T}}\boldsymbol{x})=\overline{\lambda}(\overline{\boldsymbol{x}}^{\mathrm{T}}\boldsymbol{x})\Rightarrow(\lambda-\overline{\lambda})(\overline{\boldsymbol{x}}^{\mathrm{T}}\boldsymbol{x})=0\Rightarrow\lambda-\overline{\lambda}=0$

即 $\bar{\lambda}=\lambda \Rightarrow \lambda \in R$。

证毕。

注：$\lambda \in R \Rightarrow (\boldsymbol{A}-\lambda \boldsymbol{E})\boldsymbol{x}=\boldsymbol{0}$的解向量可取为实向量。

定理 5-7 $\boldsymbol{A}^{\mathrm{T}}=\boldsymbol{A}$，特征值$\lambda_1 \neq \lambda_2$，特征向量依次为$\boldsymbol{p}_1, \boldsymbol{p}_2$，则$\boldsymbol{p}_1 \perp \boldsymbol{p}_2$。

证明：$\boldsymbol{A}\boldsymbol{p}_1=\lambda_1 \boldsymbol{p}_1$，$\boldsymbol{A}\boldsymbol{p}_2=\lambda_2 \boldsymbol{p}_2$

$$\boldsymbol{p}_1^{\mathrm{T}} \boldsymbol{A} \boldsymbol{p}_2=\boldsymbol{p}_1^{\mathrm{T}}(\boldsymbol{A} \boldsymbol{p}_2)=\boldsymbol{p}_1^{\mathrm{T}}(\lambda_2 \boldsymbol{p}_2)=\lambda_2(\boldsymbol{p}_1^{\mathrm{T}} \boldsymbol{p}_2)$$

$$\boldsymbol{p}_1^{\mathrm{T}} \boldsymbol{A} \boldsymbol{p}_2=\boldsymbol{p}_1^{\mathrm{T}} \boldsymbol{A}^{\mathrm{T}} \boldsymbol{p}_2=(\boldsymbol{A} \boldsymbol{p}_1)^{\mathrm{T}} \boldsymbol{p}_2=(\lambda_1 \boldsymbol{p}_1)^{\mathrm{T}} \boldsymbol{p}_2=\lambda_1(\boldsymbol{p}_1^{\mathrm{T}} \boldsymbol{p}_2)$$

故$\lambda_1(\boldsymbol{p}_1^{\mathrm{T}} \boldsymbol{p}_2)=\lambda_2(\boldsymbol{p}_1^{\mathrm{T}} \boldsymbol{p}_2) \Rightarrow \boldsymbol{p}_1^{\mathrm{T}} \boldsymbol{p}_2=0 \Rightarrow \boldsymbol{p}_1 \perp \boldsymbol{p}_2(\boldsymbol{Q} \lambda_1 \neq \lambda_2)$。

例 5-4 设实对称矩阵$\boldsymbol{A}_{3\times 3}$的特征值$\lambda_1=1, \lambda_2=3, \lambda_3=-3$，属于$\lambda_1, \lambda_2$的特征向量依次为$\boldsymbol{p}_1=\begin{pmatrix}1\\-1\\0\end{pmatrix}$，$\boldsymbol{p}_2=\begin{pmatrix}1\\1\\1\end{pmatrix}$，求$\boldsymbol{A}$。

解： 设$\boldsymbol{p}_3=\begin{pmatrix}x_1\\x_2\\x_3\end{pmatrix}$，由 $\boldsymbol{p}_1 \perp \boldsymbol{p}_3$，$\boldsymbol{p}_2 \perp \boldsymbol{p}_3$ 可得 $\begin{cases}x_1-x_2=0\\x_1+x_2+x_3=0\end{cases}$

该齐次方程组的一个非零解为 $\boldsymbol{p}_3=\begin{pmatrix}1\\1\\-2\end{pmatrix}$。

$$令\ \boldsymbol{P}=(\boldsymbol{p}_1, \boldsymbol{p}_2, \boldsymbol{p}_3)=\begin{pmatrix}1&1&1\\-1&1&1\\0&1&-2\end{pmatrix},\quad \Lambda=\begin{pmatrix}1&&\\&3&\\&&-3\end{pmatrix}$$

则有 $\boldsymbol{P}^{-1}\boldsymbol{A}\boldsymbol{P}=\Lambda \Rightarrow \boldsymbol{A}=\boldsymbol{P}\Lambda\boldsymbol{P}^{-1}=\begin{pmatrix}1&0&2\\0&1&2\\2&2&-1\end{pmatrix}$。

定理 5-8 设$\boldsymbol{A}$为对称矩阵，则必有正交矩阵$\boldsymbol{Q}$，使得$\boldsymbol{Q}^{\mathrm{T}}\boldsymbol{A}\boldsymbol{Q}=\Lambda$。

证明(略)。

例 5-5 对下列矩阵$\boldsymbol{A}$，求正交矩阵$\boldsymbol{Q}$，使得$\boldsymbol{Q}^{\mathrm{T}}\boldsymbol{A}\boldsymbol{Q}=\Lambda$：

(1) $\boldsymbol{A}=\begin{pmatrix}1&0&1\\0&1&1\\1&1&2\end{pmatrix}$, (2) $\boldsymbol{A}=\begin{pmatrix}1&2&2\\2&1&2\\2&2&1\end{pmatrix}$, (3) $\boldsymbol{A}=\begin{pmatrix}0&1&1&-1\\1&0&-1&1\\1&-1&0&1\\-1&1&1&0\end{pmatrix}$。

解：(1) $\varphi(\lambda)=-\lambda(\lambda-1)(\lambda-3)$

对应于特征值 $\lambda_1=0, \lambda_2=1, \lambda_3=3$ 的特征向量依次为

$$\boldsymbol{p}_1=\begin{pmatrix}-1\\-1\\1\end{pmatrix},\ \boldsymbol{p}_2=\begin{pmatrix}-1\\1\\0\end{pmatrix},\ \boldsymbol{p}_3=\begin{pmatrix}1\\1\\2\end{pmatrix}$$

(保证它们两两正交)构造正交矩阵 $\boldsymbol{Q}$ 和对角矩阵 Λ:

$$\boldsymbol{Q}=\begin{pmatrix}-1/\sqrt{3}&-1/\sqrt{2}&1/\sqrt{6}\\-1/\sqrt{3}&1/\sqrt{2}&1/\sqrt{6}\\1/\sqrt{3}&0&2/\sqrt{6}\end{pmatrix},\ \Lambda=\begin{pmatrix}0&&\\&1&\\&&3\end{pmatrix}$$

则有 $\boldsymbol{Q}^{\mathrm{T}}\boldsymbol{A}\boldsymbol{Q}=\Lambda$。

(2) $\varphi(\lambda)=-(\lambda-5)(\lambda+1)^2$，属于 $\lambda_1=5$ 的特征向量为 $\boldsymbol{p}_1=\begin{pmatrix}1\\1\\1\end{pmatrix}$。

求属于 $\lambda_2=\lambda_3=-1$ 的两个特征向量(凑正交):

$$\boldsymbol{A}-(-1)\boldsymbol{E}=\begin{pmatrix}2&2&2\\2&2&2\\2&2&2\end{pmatrix}\to\begin{pmatrix}1&1&1\\0&0&0\\0&0&0\end{pmatrix},\ \boldsymbol{p}_2=\begin{pmatrix}-1\\1\\0\end{pmatrix},\ \boldsymbol{p}_3=\begin{pmatrix}1\\1\\-2\end{pmatrix}$$

(保证它们两两正交)构造正交矩阵 $\boldsymbol{Q}$ 和对角矩阵 Λ:

$$\boldsymbol{Q}=\begin{pmatrix}1/\sqrt{3}&-1/\sqrt{2}&1/\sqrt{6}\\1/\sqrt{3}&1/\sqrt{2}&1/\sqrt{6}\\1/\sqrt{3}&0&-2/\sqrt{6}\end{pmatrix},\ \Lambda=\begin{pmatrix}5&&\\&-1&\\&&-1\end{pmatrix}$$

则有 $\boldsymbol{Q}^{\mathrm{T}}\boldsymbol{A}\boldsymbol{Q}=\Lambda$。

(3) $\varphi(\lambda)=(\lambda-1)^3(\lambda+3)$

求属于 $\lambda_1=\lambda_2=\lambda_3=1$ 的 3 个特征向量:

$$A-1E=\begin{pmatrix}-1&1&1&-1\\1&-1&-1&1\\1&-1&-1&1\\-1&1&1&-1\end{pmatrix}\to\begin{pmatrix}-1&1&1&-1\\0&0&0&0\\0&0&0&0\\0&0&0&0\end{pmatrix}$$

$$p_1=\begin{pmatrix}1\\1\\0\\0\end{pmatrix},\ p_2=\begin{pmatrix}0\\0\\1\\1\end{pmatrix},\ p_3=\begin{pmatrix}1\\-1\\1\\-1\end{pmatrix}\quad\text{(它们两两正交)}$$

属于 $\lambda_4=-3$ 的特征向量为

$$p_4=\begin{pmatrix}-1\\1\\1\\-1\end{pmatrix}$$

构造正交矩阵 Q 和对角矩阵 Λ:

$$Q=\begin{pmatrix}1/\sqrt{2}&0&1/2&-1/2\\1/\sqrt{2}&0&-1/2&1/2\\0&1/\sqrt{2}&1/2&1/2\\0&1/\sqrt{2}&-1/2&-1/2\end{pmatrix},\ \Lambda=\begin{pmatrix}1&&&\\&1&&\\&&1&\\&&&-3\end{pmatrix}$$

则有 $Q^TAQ=\Lambda$。

例 5-6　已知 $A=\begin{pmatrix}1&-1&1\\x&4&y\\-3&-3&5\end{pmatrix}$ 可对角化, $\lambda=2$ 是 A 的 2 重特征值, 求可逆矩阵 P, 使得 $P^{-1}AP=\Lambda$。

解: $A-2E=\begin{pmatrix}-1&-1&1\\x&2&y\\-3&-3&3\end{pmatrix}\to\begin{pmatrix}-1&-1&1\\0&2-x&x+y\\0&0&0\end{pmatrix}$

A 可对角化⇒对应 $\lambda=2$ 有两个线性无关的特征向量

$\Rightarrow R(A-2E)=1\Rightarrow x=2, y=-2$

设 $\lambda_1=\lambda_2=2$, 则有

$$\mathrm{tr}\boldsymbol{A} = \lambda_1 + \lambda_2 + \lambda_3 \Rightarrow 10 = 4 + \lambda_3 \Rightarrow \lambda_3 = 6$$

此时 $\boldsymbol{A} = \begin{pmatrix} 1 & -1 & 1 \\ 2 & 4 & -2 \\ -3 & -3 & 5 \end{pmatrix}$, $\Lambda = \begin{pmatrix} 2 & & \\ & 2 & \\ & & 6 \end{pmatrix}$.

求得 $\boldsymbol{p}_1 = \begin{pmatrix} -1 \\ 1 \\ 0 \end{pmatrix}$, $\boldsymbol{p}_2 = \begin{pmatrix} 1 \\ 0 \\ 1 \end{pmatrix}$, $\boldsymbol{p}_3 = \begin{pmatrix} 1 \\ -2 \\ 3 \end{pmatrix}$

令 $\boldsymbol{P} = \begin{pmatrix} -1 & 1 & 1 \\ 1 & 0 & -2 \\ 0 & 1 & 3 \end{pmatrix}$, 则有 $\boldsymbol{P}^{-1}\boldsymbol{AP} = \Lambda$ 。

课堂练习 5-18

设矩阵 $A = \begin{pmatrix} 0 & 3 & -3 \\ 3 & 0 & -3 \\ -3 & -3 & 0 \end{pmatrix}$

求一个正交矩阵 P，使 $P^{-1}AP = \Lambda$ 为对角阵。

解：A 的特征多项式为

$$|A - \lambda E| = \begin{vmatrix} -\lambda & 3 & -3 \\ 3 & -\lambda & -3 \\ -3 & -3 & -\lambda \end{vmatrix} = \begin{vmatrix} -3-\lambda & 3+\lambda & 0 \\ 3 & -\lambda & -3 \\ -3 & -3 & -\lambda \end{vmatrix}$$

$$= \begin{vmatrix} -3-\lambda & 0 & 0 \\ 3 & 3-\lambda & -3 \\ -3 & -6 & -\lambda \end{vmatrix}$$

$$= (-3-\lambda)\begin{vmatrix} 3-\lambda & -3 \\ -6 & -\lambda \end{vmatrix}$$

$$= (6-\lambda)(-3-\lambda)^2$$

所以 A 的特征值为 $\lambda_1 = 6$, $\lambda_2 = \lambda_3 = -3$

当 $\lambda_1 = 6$ 时，解方程 $(A - 6E)x = 0$，由

$$A - 6E = \begin{pmatrix} -6 & 3 & -3 \\ 3 & -6 & -3 \\ -3 & -3 & -6 \end{pmatrix} \sim \begin{pmatrix} 1 & -1 & 0.5 \\ 3 & -6 & -3 \\ -3 & -3 & -6 \end{pmatrix} \sim \begin{pmatrix} 1 & -1 & 0.5 \\ 0 & 3 & 3 \\ 0 & 3 & 3 \end{pmatrix} \sim \begin{pmatrix} 1 & -1 & 0.5 \\ 0 & 3 & 3 \\ 0 & 0 & 0 \end{pmatrix}$$

$$\sim \begin{pmatrix} 1 & -1 & 0.5 \\ 0 & 1 & 1 \\ 0 & 0 & 0 \end{pmatrix} \sim \begin{pmatrix} 1 & 0 & 1 \\ 0 & 1 & 1 \\ 0 & 0 & 0 \end{pmatrix}$$

得基础解系

$$\xi_1 = \begin{pmatrix} -1 \\ -1 \\ 1 \end{pmatrix}$$

将 ξ_1 单位化，得 $p_1 = \begin{pmatrix}-0.577\\ -0.577\\ 0.5774\end{pmatrix}$

当 $\lambda_2 = \lambda_3 = -3$ 时，解方程 $(A + 3E)x = 0$，由

$$A + 3E = \begin{pmatrix}3 & 3 & -3\\ 3 & 3 & -3\\ -3 & -3 & 3\end{pmatrix} \sim \begin{pmatrix}3 & 3 & -3\\ 0 & 0 & 0\\ 0 & 0 & 0\end{pmatrix} \sim \begin{pmatrix}1 & 1 & -1\\ 0 & 0 & 0\\ 0 & 0 & 0\end{pmatrix}$$

得基础解系

$$\xi_2 = \begin{pmatrix}-1\\ 1\\ 0\end{pmatrix},\quad \xi_3 = \begin{pmatrix}1\\ 0\\ 1\end{pmatrix}$$

将 ξ_2，ξ_3 正交化：取 $\eta_2 = \xi_2$，

$$\eta_3 = \xi_3 - \frac{[\eta_2, \xi_3]}{[\eta_2, \eta_2]}\eta_2$$

$$= \begin{pmatrix}1\\ 0\\ 1\end{pmatrix} - 0.5\begin{pmatrix}-1\\ 1\\ 0\end{pmatrix} = \begin{pmatrix}0.5\\ 0.5\\ 1\end{pmatrix}$$

再将 η_2，η_3 单位化，得 $p_2 = \begin{pmatrix}-0.707\\ 0.7071\\ 0\end{pmatrix}$，$p_3 = \begin{pmatrix}0.4082\\ 0.4082\\ 0.8165\end{pmatrix}$

将 p_1，p_2，p_3 构成正交矩阵

$$P = (p_1, p_2, p_3) = \begin{pmatrix}-0.577 & -0.707 & 0.4082\\ -0.577 & 0.7071 & 0.4082\\ 0.5774 & 0 & 0.8165\end{pmatrix}$$

有 $P^{-1}AP = P^{T}AP = \Lambda = \begin{pmatrix}6 & 0 & 0\\ 0 & -3 & 0\\ 0 & 0 & -3\end{pmatrix}$

课堂练习 5-19

设 $A = \begin{pmatrix}-3 & 1\\ 1 & -3\end{pmatrix}$，求 A^{12}

解：因 A 对称，故 A 可对角化，即有可逆矩阵 P 及对角阵 Λ，使 $P^{-1}AP = \Lambda$，于是 $A = P\Lambda P^{-1}$，从而 $A^{12} = P\Lambda^{12}P^{-1}$。

由 $|A - \lambda E| = \begin{vmatrix}-3-\lambda & 1\\ 1 & -3-\lambda\end{vmatrix}$

$= (-4-\lambda)(-2-\lambda)$

得 A 的特征值 $\lambda_1 = -4$，$\lambda_2 = -2$，于是

$$\Lambda = \begin{pmatrix}-4 & \\ & -2\end{pmatrix},\quad \Lambda^{12} = \begin{pmatrix}16777216 & \\ & 4096\end{pmatrix}$$

对应 $\lambda_1 = -4$，

由 $A + 4E = \begin{pmatrix}1 & 1\\ 1 & 1\end{pmatrix} \sim \begin{pmatrix}1 & 1\\ 0 & 0\end{pmatrix}$，得 $\xi_1 = \begin{pmatrix}-1\\ 1\end{pmatrix}$

对应 $\lambda_2 = -2$，

由 $A+2E=\begin{pmatrix}-1 & 1\\ 1 & -1\end{pmatrix}\sim\begin{pmatrix}1 & -1\\ 0 & 0\end{pmatrix}$，得 $\xi_2=\begin{pmatrix}1\\ 1\end{pmatrix}$

并有 $P=(\xi_1,\ \xi_2)=\begin{pmatrix}1 & -1\\ 1 & 1\end{pmatrix}$，再求 $P^{-1}=\begin{pmatrix}0.5 & 0.5\\ -1 & 0.5\end{pmatrix}$

则 $A^{12}=P\Lambda^{12}P^{-1}=\begin{pmatrix}8390656 & 8386560\\ 8386560 & 8390656\end{pmatrix}$

课堂练习 5-20

设矩阵 $\begin{pmatrix}8 & a & 8\\ a & 3 & b\\ 8 & b & 8\end{pmatrix}$ 相似于对角矩阵 $\begin{pmatrix}0 & 0 & 0\\ 0 & 3 & 0\\ 0 & 0 & 16\end{pmatrix}$，求 a 和 b

解：设 $A=\begin{pmatrix}8 & a & 8\\ a & 3 & b\\ 8 & b & 8\end{pmatrix}$，则 A 的所有的特征值为 0、3 和 16。由 $|0E-A|=0$，即 $|A|=0$，

而 $|A|=\begin{vmatrix}8 & a & 8\\ a & 3 & b\\ 8 & b & 8\end{vmatrix}=\begin{vmatrix}8 & a & 8\\ a & 3 & b\\ 0 & b-a & 0\end{vmatrix}=-8(b-a)^2$

所以 $a-b=0$

由 $|3E-A|=0$，即

$$\begin{vmatrix}-5 & -a & -8\\ -a & 0 & -b\\ -8 & -b & -5\end{vmatrix}=\begin{vmatrix}-5 & -a & -8\\ -a & 0 & -a\\ -8 & -a & -5\end{vmatrix}=\begin{vmatrix}-5 & -a & -3\\ -a & 0 & 0\\ -8 & -a & 3\end{vmatrix}=-6a^2=0$$

所以 $a=0$，$b=0$。

课堂练习 5-21

已知矩阵 $A=\begin{pmatrix}34 & 0 & 0\\ 0 & 0 & 1\\ 0 & 1 & x\end{pmatrix}$ 与 $B=\begin{pmatrix}34 & 0 & 0\\ 0 & y & 0\\ 0 & 0 & -1\end{pmatrix}$ 相似，

则 $x=0$，$y=1$。

课堂练习 5-22

若 4 阶矩阵 A 和 B 相似，矩阵 A 的特征值为 -0.25，-0.1，0.5，0.125，则行列式 $|B^{-1}-E|=$ 385。

5.5　二次型及其标准形

定义 5-11　变量 $x_1,x_2,\cdots,x_n$ 的二次齐次多项式

$$f(x_1,x_2,\cdots,x_n)=a_{11}x_1^2+2a_{12}x_1x_2+2a_{13}x_1x_3+\cdots+2a_{1n}x_1x_n+$$
$$a_{22}x_2^2+2a_{23}x_2x_3+\cdots+2a_{2n}x_2x_n+\cdots\cdots+\cdots a_{nn}x_n^2$$

称为n元二次型，简称为二次型。

$a_{ij}\in\mathbf{R}$：称$f(x_1,x_2,\cdots,x_n)$为实二次型(本章只讨论实二次型)。

$a_{ij}\in\mathbf{C}$：称$f(x_1,x_2,\cdots,x_n)$为复二次型。

令$a_{ji}=a_{ij}\ (j>i)$，则有

$$\begin{aligned}f=&a_{11}x_1x_1+a_{12}x_1x_2+a_{13}x_1x_3+\cdots+a_{1n}x_1x_n+\\&a_{21}x_2x_1+a_{22}x_2x_2+a_{23}x_2x_3+\cdots+a_{2n}x_2x_n+\\&\cdots+\\&a_{n1}x_nx_1+a_{n2}x_nx_2+a_{n3}x_nx_3+\cdots+a_{nn}x_nx_n\quad\left(=\sum_{i=1}^{n}\sum_{j=1}^{n}a_{ij}x_ix_j\right)\\&=(x_1,x_2,\ldots,x_n)\begin{pmatrix}a_{11}&a_{12}&\ldots&a_{1n}\\a_{21}&a_{22}&\ldots&a_{2n}\\\ldots&\ldots&\ldots&\ldots\\a_{n1}&a_{n2}&\ldots&a_{nn}\end{pmatrix}\begin{pmatrix}x_1\\x_2\\\vdots\\x_n\end{pmatrix}=\boldsymbol{x}^{\mathrm{T}}\boldsymbol{A}\boldsymbol{x}\end{aligned}$$

其中 $\boldsymbol{A}=\begin{pmatrix}a_{11}&a_{12}&\ldots&a_{1n}\\a_{21}&a_{22}&\ldots&a_{2n}\\\ldots&\ldots&\ldots&\ldots\\a_{n1}&a_{n2}&\ldots&a_{nn}\end{pmatrix}$，$\boldsymbol{x}=\begin{pmatrix}x_1\\x_2\\\vdots\\x_n\end{pmatrix}$

(1) $f(x_1,x_2,\cdots,x_n)$与$\boldsymbol{A}$是一一对应关系，且$\boldsymbol{A}^{\mathrm{T}}=\boldsymbol{A}$。

(2) 称$\boldsymbol{A}$为f的矩阵，称f为$\boldsymbol{A}$对应的二次型。

(3) 称$\boldsymbol{A}$的秩为f的秩。

定义 5-12 若二次型f的矩阵$\boldsymbol{A}$为对角矩阵，称此二次型f为标准形。

关于二次型，我们讨论的主要问题是：找可逆线性变换$x=\boldsymbol{C}y$，即

$$\begin{pmatrix}x_1\\x_2\\\vdots\\x_n\end{pmatrix}=\begin{pmatrix}c_{11}&c_{12}&\ldots&c_{1n}\\c_{21}&c_{22}&\ldots&c_{2n}\\\ldots&\ldots&\ldots&\ldots\\c_{n1}&c_{n2}&\ldots&c_{nn}\end{pmatrix}\begin{pmatrix}y_1\\y_2\\\vdots\\y_n\end{pmatrix}\quad(|\boldsymbol{C}|\neq0)$$

使得$f(x_1,x_2,\cdots,x_n)=d_1y_1^2+d_2y_2^2+\cdots+d_ny_n^2$。

将二次型 $f(x_1,x_2,\cdots,x_n)$ 的标准形写为矩阵形式

$$f=\boldsymbol{y}^{\mathrm{T}}\boldsymbol{D}\boldsymbol{y},\quad \boldsymbol{D}=\begin{pmatrix} d_1 & & \\ & \ddots & \\ & & d_n \end{pmatrix}$$

$$f=\boldsymbol{x}^{\mathrm{T}}\boldsymbol{A}\boldsymbol{x}=(\boldsymbol{C}\boldsymbol{y})^{\mathrm{T}}\boldsymbol{A}(\boldsymbol{C}\boldsymbol{y})=\boldsymbol{y}^{\mathrm{T}}(\boldsymbol{C}^{\mathrm{T}}\boldsymbol{A}\boldsymbol{C})\boldsymbol{y}$$

或者说二次型中的主要问题是，对实对称矩阵 $\boldsymbol{A}$，找可逆矩阵 $\boldsymbol{C}$，使得 $\boldsymbol{C}^{\mathrm{T}}\boldsymbol{A}\boldsymbol{C}=\boldsymbol{D}$。

定义 5-13 对于 $\boldsymbol{A}_{n\times n},\boldsymbol{B}_{n\times n}$，若有可逆矩阵 $\boldsymbol{C}_{n\times n}$ 使得 $\boldsymbol{C}^{\mathrm{T}}\boldsymbol{A}\boldsymbol{C}=\boldsymbol{B}$，称 $\boldsymbol{A}$ 合同于 $\boldsymbol{B}$。

注：(1) $\boldsymbol{A}$ 合同于 $\boldsymbol{A}$：$\boldsymbol{E}^{\mathrm{T}}\boldsymbol{A}\boldsymbol{E}=\boldsymbol{A}$；(2) $\boldsymbol{A}$ 合同于 $\boldsymbol{B}\Rightarrow\boldsymbol{B}$ 合同于 $\boldsymbol{A}$：$(\boldsymbol{C}^{-1})^{\mathrm{T}}\boldsymbol{B}(\boldsymbol{C}^{-1})=\boldsymbol{A}$；(3) $\boldsymbol{A}$ 合同于 $\boldsymbol{B}$，$\boldsymbol{B}$ 合同于 $\boldsymbol{S}\Rightarrow\boldsymbol{A}$ 合同于 $\boldsymbol{S}$(请读者作出解释)。

定理 5-9 任给二次型 $f=x^{\mathrm{T}}\boldsymbol{A}x$，总有正交变换 $x=\boldsymbol{P}y$，使 f 化为标准形

$$f=\lambda_1 y_1^2+\lambda_2 y_2^2+\cdots+\lambda_n y_n^2$$

其中 $\lambda_1,\lambda_2,\cdots,\lambda_n$ 是二次型矩阵 $\boldsymbol{A}$ 的特征值。

证明(略)。

例 5-7 设 $f(x_1,x_2,x_3)=2x_1^2+5x_2^2+5x_3^2+4x_1x_2-4x_1x_3-8x_2x_3$，用正交变换化 $f(x_1,x_2,x_3)$ 为标准形。

解：f 的矩阵 $\boldsymbol{A}=\begin{pmatrix} 2 & 2 & -2 \\ 2 & 5 & -4 \\ -2 & -4 & 5 \end{pmatrix}$

$\boldsymbol{A}$ 的特征多项式 $\varphi(\lambda)=-(\lambda-1)^2(\lambda-10)$

$\lambda_1=\lambda_2=1$ 的两个正交的特征向量 $\boldsymbol{p}_1=\begin{pmatrix} 0 \\ 1 \\ 1 \end{pmatrix}$，$\boldsymbol{p}_2=\begin{pmatrix} 4 \\ -1 \\ 1 \end{pmatrix}$

$\lambda_3=10$ 的特征向量　$\boldsymbol{p}_3=\begin{pmatrix}1\\2\\-2\end{pmatrix}$

正交矩阵　$\boldsymbol{Q}=\begin{pmatrix}0 & 4/3\sqrt{2} & 1/3\\ 1/\sqrt{2} & -1/3\sqrt{2} & 2/3\\ 1/\sqrt{2} & 1/3\sqrt{2} & -2/3\end{pmatrix}$

即经过正交变换 $x=\boldsymbol{Q}y$ 可得标准形 $f=y_1^2+y_2^2+10y_3^2$。

例 5-8　$f(x_1,x_2,x_3)=5x_1^2+5x_2^2+cx_3^2-2x_1x_2+6x_1x_3-6x_2x_3$，秩$(f)$=2。

(1) 求 c;

(2) 用正交变换化 $f(x_1,x_2,x_3)$ 为标准形;

(3) $f(x_1,x_2,x_3)=1$ 表示哪类二次曲面?

解：(1)　f 的矩阵　$\boldsymbol{A}=\begin{pmatrix}5 & -1 & 3\\ -1 & 5 & -3\\ 3 & -3 & c\end{pmatrix}$　(显见 $R(\boldsymbol{A})\geqslant 2$)

$\text{rank}\boldsymbol{A}=2\Rightarrow \det\boldsymbol{A}=0\Rightarrow c=3$

(2)　$\varphi(\lambda)=\begin{vmatrix}5-\lambda & -1 & 3\\ -1 & 5-\lambda & -3\\ 3 & -3 & 3-\lambda\end{vmatrix}\overset{r_1+r_2}{=\!=}\begin{vmatrix}4-\lambda & 4-\lambda & 0\\ -1 & 5-\lambda & -3\\ 3 & -3 & 3-\lambda\end{vmatrix}$

$\overset{c_2-c_1}{=\!=}\begin{vmatrix}4-\lambda & 0 & 0\\ -1 & 6-\lambda & -3\\ 3 & -6 & 3-\lambda\end{vmatrix}=-\lambda(\lambda-4)(\lambda-9)$

$\lambda_1=0,\lambda_2=4,\lambda_3=9$ 的特征向量依次为

$\boldsymbol{p}_1=\begin{pmatrix}-1\\1\\2\end{pmatrix}$，$\boldsymbol{p}_2=\begin{pmatrix}1\\1\\0\end{pmatrix}$，$p_3=\begin{pmatrix}1\\-1\\1\end{pmatrix}$　(两两正交)

正交矩阵　$\boldsymbol{Q}=\begin{pmatrix}-1/\sqrt{6} & 1/\sqrt{2} & 1/\sqrt{3}\\ 1/\sqrt{6} & 1/\sqrt{2} & -1/\sqrt{3}\\ 2/\sqrt{6} & 0 & 1/\sqrt{3}\end{pmatrix}$

正交变换 $x = \boldsymbol{Q}y$：标准形 $f = 0y_1^2 + 4y_2^2 + 9y_3^2$

(3) $f(x_1, x_2, x_3) = 1 \Leftrightarrow 4y_2^2 + 9y_3^2 = 1$：表示椭圆柱面。

课堂练习 5-23

求一个正交变换 x = P y，把二次型

f = $6x_1x_2 - 6x_1x_3 - 6x_2x_3$

化为标准形。

解：二次型的矩阵为

$$\begin{pmatrix} 0 & 3 & -3 \\ 3 & 0 & -3 \\ -3 & -3 & 0 \end{pmatrix}$$

这与课堂练习 5-18 所给的矩阵相同，按课堂练习 5-18，有正交矩阵

$$P = \begin{pmatrix} -0.577 & -0.707 & 0.4082 \\ -0.577 & 0.7071 & 0.4082 \\ 0.5774 & 0 & 0.8165 \end{pmatrix}，使 P^{-1}AP \quad \Lambda = \begin{pmatrix} 6 & 0 & 0 \\ 0 & -3 & 0 \\ 0 & 0 & -3 \end{pmatrix}$$

于是有正交变换

$$\begin{pmatrix} x_1 \\ x_2 \\ x_3 \end{pmatrix} = \begin{pmatrix} -0.577 & -0.707 & 0.4082 \\ -0.577 & 0.7071 & 0.4082 \\ 0.5774 & 0 & 0.8165 \end{pmatrix} \begin{pmatrix} y_1 \\ y_2 \\ y_3 \end{pmatrix}$$

把二次型化为标准形：f = $6y_1^2 - 3y_2^2 - 3y_3^2$。

5.6 用配方法和行列对称初等变换法化二次型为标准形

先通过两个例题介绍配方法。

例 5-9 用配方法化 $f(x_1, x_2, x_3) = 2x_1^2 + 5x_2^2 + 5x_3^2 + 4x_1x_2 - 4x_1x_3 - 8x_2x_3$ 为标准形。

解：

$$\begin{aligned} f &= 2[x_1^2 + 2x_1(x_2 - x_3)] + 5x_2^2 + 5x_3^2 - 8x_2x_3 \\ &= 2[(x_1 + x_2 - x_3)^2 - (x_2 - x_3)^2] + 5x_2^2 + 5x_3^2 - 8x_2x_3 \\ &= 2(x_1 + x_2 - x_3)^2 + 3x_2^2 - 4x_2x_3 + 3x_3^2 \\ &= 2(x_1 + x_2 - x_3)^2 + 3[(x_2 - \frac{2}{3}x_3)^2 - \frac{4}{9}x_3^2] + 3x_3^2 \\ &= 2(x_1 + x_2 - x_3)^2 + 3(x_2 - \frac{2}{3}x_3)^2 + \frac{5}{3}x_3^2 \end{aligned}$$

令$\begin{cases} y_1 = x_1 + x_2 - \quad\quad x_3 \\ y_2 = \quad\quad x_2 - (2/3)\, x_3 \\ y_1 = \quad\quad\quad\quad x_3 \end{cases}$，则$\begin{cases} x_1 = y_1 - y_2 + (1/3)\; y_3 \\ x_2 = \quad\quad y_2 + (2/3)\, y_3 \\ x_3 = \quad\quad\quad\quad y_3 \end{cases}$

可逆变换　$\boldsymbol{x} = \boldsymbol{C}\boldsymbol{y}$：　$\boldsymbol{C} = \begin{pmatrix} 1 & -1 & 1/3 \\ 0 & 1 & 2/3 \\ 0 & 0 & 1 \end{pmatrix}$

标准形　$f = 2y_1^2 + 3y_2^2 + \dfrac{5}{3}y_3^2$

注：这与例 5-7 结果不同。

例 5-10　用配方法化 $f(x_1, x_2, x_3) = 2x_1x_2 + 2x_1x_3 - 6x_2x_3$ 为标准形。

解：先凑平方项

令$\begin{cases} x_1 = y_1 + y_2 \\ x_2 = y_1 - y_2 \\ x_3 = \quad\quad\quad y_3 \end{cases}$，即　$\boldsymbol{x} = \boldsymbol{C}_1\boldsymbol{y}$：　$\boldsymbol{C}_1 = \begin{pmatrix} 1 & 1 & 0 \\ 1 & -1 & 0 \\ 0 & 0 & 1 \end{pmatrix}$

则

$$\begin{aligned} f &= 2y_1^2 - 2y_2^2 + 2y_1y_3 + 2y_2y_3 - 6y_1y_3 + 6y_2y_3 \\ &= 2(y_1^2 - 2y_1y_3) - 2y_2^2 + 8y_2y_3 \\ &= 2[(y_1 - y_3)^2 - y_3^2] - 2y_2^2 + 8y_2y_3 \\ &= 2(y_1 - y_3)^2 - 2(y_2^2 - 4y_2y_3) - 2y_2^2 \\ &= 2(y_1 - y_3)^2 - 2[(y_2 - 2y_3)^2 - 4y_3^2] - 2y_2^2 \\ &= 2(y_1 - y_3)^2 - 2(y_2 - 2y_3)^2 + 6y_3^2 \end{aligned}$$

令$\begin{cases} z_1 = y_1 \quad - \; y_3 \\ z_2 = \quad\quad y_2 - 2y_3 \\ z_3 = \quad\quad\quad\quad y_3 \end{cases}$，则$\begin{cases} y_1 = z_1 \quad + \; z_3 \\ y_2 = \quad\quad z_2 + 2z_3 \\ y_3 = \quad\quad\quad\quad z_3 \end{cases}$

即　$\boldsymbol{y} = \boldsymbol{C}_2\boldsymbol{z}$：$\boldsymbol{C}_2 = \begin{pmatrix} 1 & 0 & 1 \\ 0 & 1 & 2 \\ 0 & 0 & 1 \end{pmatrix}$

可逆变换　$\boldsymbol{x} = \boldsymbol{C}_1 y = \boldsymbol{C}_1\boldsymbol{C}_2 z$，$\boldsymbol{C} = \boldsymbol{C}_1\boldsymbol{C}_2 = \begin{pmatrix} 1 & 1 & 3 \\ 1 & -1 & -1 \\ 0 & 0 & 1 \end{pmatrix}$

标准形　$f = 2z_1^2 - 2z_2^2 + 6z_3^2$

下面介绍行列对称初等变换法:

求可逆矩阵 $\boldsymbol{C}$, 使得 $\boldsymbol{C}^{\mathrm{T}}\boldsymbol{A}\boldsymbol{C}=\boldsymbol{D}$:

$\boldsymbol{C}$ 可逆 $\Rightarrow \boldsymbol{C}=\boldsymbol{P}_1\cdots\boldsymbol{P}_k=\boldsymbol{E}\boldsymbol{P}_1\cdots\boldsymbol{P}_k$　($\boldsymbol{P}_i$ 是初等矩阵)

$$\Rightarrow \boldsymbol{P}_k^{\mathrm{T}}\cdots\boldsymbol{P}_1^{\mathrm{T}}\boldsymbol{A}\boldsymbol{P}_1\cdots\boldsymbol{P}_k=\boldsymbol{D}$$

$$\Rightarrow \begin{pmatrix}\boldsymbol{A}\\ \hline \boldsymbol{E}\end{pmatrix}\xrightarrow[\text{整体施行“同类列变换”}]{\text{对}A\text{施行“行变换”}}\begin{pmatrix}\boldsymbol{D}\\ \hline \boldsymbol{C}\end{pmatrix}$$

例 5-11　用初等变换法化 $f(x_1,x_2,x_3)=2x_1x_2+2x_1x_3-6x_2x_3$ 为标准形。

解:

$$\begin{pmatrix}\boldsymbol{A}\\ \hline \boldsymbol{E}\end{pmatrix}=\begin{pmatrix}0&1&1\\1&0&-3\\1&-3&0\\ \hdashline 1&0&0\\0&1&0\\0&0&1\end{pmatrix}\xrightarrow[c_1+c_2]{r_1+r_2}\begin{pmatrix}2&1&-2\\1&0&-3\\-2&-3&0\\ \hdashline 1&0&0\\1&1&0\\0&0&1\end{pmatrix}\xrightarrow[\text{同类列变换}]{\text{行变换}}\begin{pmatrix}2&0&0\\0&-1/2&0\\0&0&6\\ \hdashline 1&-1/2&3\\1&1/2&-1\\0&0&1\end{pmatrix}$$

可逆变换　$\boldsymbol{x}=\boldsymbol{C}\boldsymbol{y}$,　$\boldsymbol{C}=\begin{pmatrix}1&-1/2&3\\1&1/2&-1\\0&0&1\end{pmatrix}$

标准形　$f=2z_1^2-\dfrac{1}{2}z_2^2+6z_3^2$

课堂练习 5-24

用行列对称初等变换化二次型为标准形

$f = 9x_1^2 - 9x_2^2 + 12x_1x_2$

解：二次型矩阵为 $A=\begin{pmatrix}9&-6\\-6&9\end{pmatrix}$

$$\begin{pmatrix}A\\E\end{pmatrix}=\begin{pmatrix}9&-6\\-6&9\\1&0\\0&1\end{pmatrix}\rightarrow\begin{pmatrix}9&0\\6&-13\\1&-1\\0&1\end{pmatrix}\rightarrow\begin{pmatrix}9&0\\0&-13\\1&-1\\0&1\end{pmatrix}$$

令 $P=\begin{pmatrix}1&-1\\0&1\end{pmatrix}$

作非退化线性变换 X = P Y，则 $f = 9y_1^2 - 13y_2^2$。

课堂练习 5-25

用行列对称初等变换化二次型为标准形

$$f = 1x_1^2 + 10x_2^2 + 66x_3^2 + 6x_1x_2 - 16x_1x_3 + 52x_2x_3$$

解：

二次型矩阵为 $A = \begin{pmatrix} 1 & 3 & 8 \\ 3 & 10 & 26 \\ 8 & 26 & 66 \end{pmatrix}$

$$\begin{pmatrix} A \\ E \end{pmatrix} = \begin{pmatrix} 1 & 3 & 8 \\ 3 & 10 & 26 \\ 8 & 26 & 66 \\ 1 & 0 & 0 \\ 0 & 1 & 0 \\ 0 & 0 & 1 \end{pmatrix} \to \begin{pmatrix} 1 & 0 & 0 \\ 3 & 1 & 2 \\ 8 & 2 & 2 \\ 1 & -3 & -8 \\ 0 & 1 & 0 \\ 0 & 0 & 1 \end{pmatrix} \to \begin{pmatrix} 1 & 0 & 0 \\ 0 & 1 & 2 \\ 0 & 2 & 2 \\ 1 & -3 & -8 \\ 0 & 1 & 0 \\ 0 & 0 & 1 \end{pmatrix} \to \begin{pmatrix} 1 & 0 & 0 \\ 0 & 1 & 0 \\ 0 & 2 & -2 \\ 1 & -3 & -2 \\ 0 & 1 & -2 \\ 0 & 0 & 1 \end{pmatrix}$$

$$\to \begin{pmatrix} 1 & 0 & 0 \\ 0 & 1 & 0 \\ 0 & 0 & -2 \\ 1 & -3 & -2 \\ 0 & 1 & -2 \\ 0 & 0 & 1 \end{pmatrix} \qquad 令 P = \begin{pmatrix} 1 & -3 & -2 \\ 0 & 1 & -2 \\ 0 & 0 & 1 \end{pmatrix}$$

作非退化线性变换 $X = PY$，则 $f = 1y_1^2 + 1y_2^2 - 2y_3^2$。

5.7　正定二次型

二次型的标准形显然不是唯一的，只是标准形中所含项数是确定的(即二次型的秩)。不仅如此，在限定变换为实变换时，标准形中的正系数的个数是不变的(从而负系数的个数也是不变的)，也就是有：

定理 5-10　设二次型 $f = \boldsymbol{x}^{\mathrm{T}} \boldsymbol{A} \boldsymbol{x}$ 的秩为 r，有两个可逆变换

$$\boldsymbol{x} = \boldsymbol{C}\boldsymbol{y} \quad 及 \quad \boldsymbol{x} = \boldsymbol{P}\boldsymbol{z}$$

使 $f = k_1 y_1^2 + k_2 y_2^2 + \cdots + k_n y_n^2 \quad (k_i \neq 0)$

$$f = \lambda_1 z_1^2 + \lambda_2 z_2^2 + \cdots + \lambda_n z_n^2 \quad (\lambda_i \neq 0)$$

则 $k_1, \cdots, k_r$ 中正数的个数与 $\lambda_1, \cdots, \lambda_r$ 中正数的个数相等。

这个定理称为惯性定理，这里不予证明。

定义 5-14　若 $\forall x \neq 0$, $f = \boldsymbol{x}^{\mathrm{T}} \boldsymbol{A} \boldsymbol{x} > 0$，称 f 为正定二次型，$\boldsymbol{A}$ 为正定矩阵；若 $\forall x \neq 0$, $f = \boldsymbol{x}^{\mathrm{T}} \boldsymbol{A} \boldsymbol{x} < 0$，称 f 为负定二次型，$\boldsymbol{A}$ 为负定矩阵；若二次型既不正定又不负定，则称为不定。

定理 5-11　$f = \boldsymbol{x}^{\mathrm{T}} \boldsymbol{A} \boldsymbol{x}$ 为正定二次型 $\Leftrightarrow f$ 的标准形中 $d_i > 0$ $(i = 1, 2, n)$。

证必要性：取 $\boldsymbol{y}=\boldsymbol{\varepsilon}_i=(0,\cdots,0,1,0,\cdots,0)^{\mathrm{T}}$，则 $\boldsymbol{x}=\boldsymbol{C}\boldsymbol{y}\neq\boldsymbol{0}$，从而

$$f=\boldsymbol{x}^{\mathrm{T}}\boldsymbol{A}\boldsymbol{x}>0\Rightarrow f=\boldsymbol{y}^{\mathrm{T}}(\boldsymbol{C}^{\mathrm{T}}\boldsymbol{A}\boldsymbol{C})\boldsymbol{y}=d_i>0$$

证充分性：已知 $d_i>0\ (i=1,2,\cdots,n)$，$\forall\,\boldsymbol{x}\neq 0\Rightarrow \boldsymbol{y}=\boldsymbol{C}^{-1}\boldsymbol{x}\neq 0$

$$f=d_1y_1^2+d_2y_2^2+\cdots+d_ny_n^2>0$$

由定义知，f 为正定二次型。

证毕。

推论 5-1　设 $\boldsymbol{A}_{n\times n}$ 实对称，则 $\boldsymbol{A}$ 为正定矩阵⇔$\boldsymbol{A}$ 的特征值全为正数。

推论 5-2　设 $\boldsymbol{A}_{n\times n}$ 实对称正定矩阵，则 $|\boldsymbol{A}|>0$。

定理 5-12　设 $\boldsymbol{A}_{n\times n}$ 实对称，则 $\boldsymbol{A}$ 为正定矩阵 ⇔$\boldsymbol{A}$ 的顺序主子式全为正数；$\boldsymbol{A}$ 为负定矩阵⇔$\boldsymbol{A}$ 的奇数阶顺序主子式全为负数，$\boldsymbol{A}$ 的偶数阶顺序主子式全为正数。

证明(略)。

课堂练习 5-26

	判	定	二	次	型	的	正	定	性	：											
f	=	2	x_1^2	+	5	x_2^2	+	3	x_3^2	+	4	x_1	x_2	-	2	x_1	x_3	+	2	x_2	x_3
解	：								2	2	-1										
	二	次	型	矩	阵	为	A	=	2	5	1										
									-1	1	3										
	1	阶	主	子	式	=	2	>	0												
							2	2	=	6	>	0									
	2	阶	主	子	式	=	2	5													
							2	2	-1												
	3	阶	主	子	式	=	2	5	1	=	7	>	0								
							-1	1	3												
	所	以	二	次	型	正定															
								填写：“正定”或“负定”或“不定”。													

课堂练习 5-27

写	出	下	列	二	次	型	的	矩	阵	：											
			(1)	f(x)		=	x^T	-5	6	x											
								-6	-6												
								8	-8	8											
			(2)	f(x)		=	x^T	-4	6	5	x										
								-6	-7	2											

解：

(1) 二次型的矩阵 = $\begin{pmatrix} -5 & 0 \\ 0 & -6 \end{pmatrix}$

(2) 二次型的矩阵 = $\begin{pmatrix} 8 & -6 & 1 \\ -6 & 6 & -1 \\ 1 & -1 & 2 \end{pmatrix}$

课堂练习 5-28

已知 $A = \begin{pmatrix} 1 & 0 & 11 \\ 0 & 1 & 1 \\ -1 & 0 & a \\ 0 & a & -11 \end{pmatrix}$，二次型 $f(x_1, x_2, x_3) = x^T(A^TA)x$ 的秩为 2，则 a = -11。

注：$R(A^TA) = R(A)$

课堂练习 5-29

设二次型

$f(x_1, x_2, x_3) = 19x_1^2 + 19x_2^2 + 18x_3^2 + 2x_1x_3 - 2x_2x_3$

则二次型 f 的矩阵的所有特征值为 19、20 和 17。

课堂练习 5-30

已知实二次型 $f(x_1, x_2, x_3) = a(x_1^2 + x_2^2 + x_3^2) + 4x_1x_2 + 4x_1x_3 + 4x_2x_3$ 经正交变换 x = Py 可化成标准形 $f = 57y_1^2$，则 a = 19。

见 1 游 戏

注：请清空下面黄色单元格中的 0，然后填写相应的答案。

见 1 游戏 5-1

已知 3 维向量空间 R^3 中两个向量

$a_1 = \begin{pmatrix} 1 \\ -1 \\ 1 \end{pmatrix}$，$a_2 = \begin{pmatrix} 2 \\ 3 \\ 1 \end{pmatrix}$，

正交，试求一个非零向量 a_3，使 a_1，a_2，a_3 两两正交。

解：

记 $A = \begin{pmatrix} a_1^T \\ a_2^T \end{pmatrix} = \begin{pmatrix} 1 & -1 & 1 \\ 2 & 3 & 1 \end{pmatrix}$

a_3 应满足齐次线性方程组 A x = 0，即

$$A=\begin{pmatrix}1&-1&1\\2&3&1\end{pmatrix}\sim\begin{pmatrix}0&0&0\\0&0&0\end{pmatrix}\sim\begin{pmatrix}0&0&0\\0&0&0\end{pmatrix}\sim\begin{pmatrix}0&0&0\\0&0&0\end{pmatrix}$$

从而得基础解系

$$\begin{pmatrix}0\\0\\0\end{pmatrix}$$

取 $a_3=\begin{pmatrix}0\\0\\0\end{pmatrix}$ 即合所求。

见1游戏5-2

用施密特正交化方法将向量组

$$a_1=\begin{pmatrix}8\\6\\4\end{pmatrix},\quad a_2=\begin{pmatrix}0\\2\\4\end{pmatrix},\quad a_3=\begin{pmatrix}-8\\-10\\-6\end{pmatrix}$$

正交化结果为

$$b_1=a_1,\quad b_2=\begin{pmatrix}0\\0\\0\end{pmatrix},\quad b_3=\begin{pmatrix}0\\0\\0\end{pmatrix}$$

见1游戏5-3

已知 $a_1=\begin{pmatrix}1\\2\\3\end{pmatrix}$，求一组非零向量 a_2，a_3，使 a_1，a_2，a_3 两两正交。

解：a_2，a_3 应满足方程 $a_1^T x=0$，即

0 x_1 [redacted] 0 x_2 [redacted] 0 x_3 = 0

其基础解系为

$$\xi_1=\begin{pmatrix}0\\1\\0\end{pmatrix},\quad \xi_2=\begin{pmatrix}0\\0\\1\end{pmatrix}$$

把基础解系正交化，即合所求，亦即取

$$a_2=\xi_1,$$

$$a_3=\xi_2-\frac{[\xi_1,\ \xi_2]}{[\xi_1,\ \xi_1]}\xi_1$$

$$=\begin{pmatrix}0\\0\\1.2\end{pmatrix}-\ 0\begin{pmatrix}0\\0\\1.2\end{pmatrix}=\begin{pmatrix}0\\0\\1.23\end{pmatrix}$$

注：在绿色单元格中键入“-”或“+”符号。

见1游戏5-4

设

$$A=\begin{pmatrix}4&2\\2&4\end{pmatrix},$$

求矩阵 A 的特征值和特征向量。

解：$\lambda E-A=\begin{vmatrix}\lambda-4 & -2\\ -2 & \lambda-4\end{vmatrix}=\begin{vmatrix}\lambda-0 & -2\\ \lambda-0 & \lambda-4\end{vmatrix}=(\lambda-0)\begin{vmatrix}1 & -2\\ 1 & \lambda-4\end{vmatrix}$

第2列加到第1列

$=(\lambda-0)\begin{vmatrix}1 & -2\\ 0 & \lambda-0\end{vmatrix}$

则 $\lambda_1=0$，$\lambda_2=0$ 为矩阵 A 的两个特征值。

当 $\lambda_1=0$ 时，$0E-A=\begin{pmatrix}-4 & -2\\ -2 & -4\end{pmatrix}\begin{pmatrix}-2 & -4\\ -4 & -2\end{pmatrix}\rightarrow\begin{pmatrix}1 & 0.5\\ -2 & -4\end{pmatrix}$

$\rightarrow\begin{pmatrix}1 & 0.5\\ 0 & -3\end{pmatrix}$ 则 $p_1=\begin{pmatrix}0\\ 0\end{pmatrix}$ 为 λ_1 的特征向量。

当 $\lambda_2=0$ 时，$0E-A=\begin{pmatrix}-4 & -2\\ -2 & -4\end{pmatrix}\rightarrow\begin{pmatrix}1 & 0.5\\ 2 & -2\end{pmatrix}$

则 $p_2=\begin{pmatrix}0\\ 0\end{pmatrix}$ 为 λ_2 的特征向量。

见1游戏5-5

求矩阵 $A=\begin{pmatrix}1 & 1 & 0\\ -9 & -5 & 0\\ -7 & 0 & -2\end{pmatrix}$ 的特征值和特征向量。

解：A 的特征多项式为

$|A-\lambda E|=\begin{vmatrix}0-\lambda & 0 & 0\\ 0 & 0-\lambda & 0\\ 0 & 0 & 0-\lambda\end{vmatrix}$

$=(0-\lambda)(0-\lambda)^2$

所以 A 的特征值为 $\lambda_1=0$，$\lambda_2=\lambda_3=0$

当 $\lambda_1=0$ 时，解方程 $(A-0E)x=0$，由

$A-0E=\begin{pmatrix}0 & 0 & 0\\ 0 & 0 & 0\\ 0 & 0 & 0\end{pmatrix}\sim\begin{pmatrix}0 & 1 & 0\\ 1 & 0 & 0\\ 0 & 0 & 0\end{pmatrix}$

得基础解系

$p_1=\begin{pmatrix}0\\ 0\\ 0\end{pmatrix}$

所以 kp_1 $(k\neq0)$ 是对应于 $\lambda_1=0$ 的全部特征向量。

当 $\lambda_2=\lambda_3=0$ 时，解方程 $(A-0E)x=0$，由

$A-0E=\begin{pmatrix}0 & 0 & 0\\ 0 & 0 & 0\\ 0 & 0 & 0\end{pmatrix}\sim\begin{pmatrix}0 & 0 & 0\\ 0 & 0 & 0\\ 0 & 0 & 0\end{pmatrix}\sim\begin{pmatrix}0 & 0 & 0\\ 0 & 0 & 0\\ 0 & 0 & 0\end{pmatrix}\sim\begin{pmatrix}0 & 0 & 0\\ 0 & 0 & 0\\ 0 & 0 & 0\end{pmatrix}$

$\sim\begin{pmatrix}0 & 0 & 0\\ 0 & 0 & 0\\ 0 & 0 & 0\end{pmatrix}\sim\begin{pmatrix}1 & 0 & 0\\ 0 & 1 & 0\\ 0 & 0 & 0\end{pmatrix}$

得基础解系

$$p_2 = \begin{pmatrix} 0 \\ 0 \\ 0 \end{pmatrix}$$

所以 $k\ p_2\ (k \neq 0)$ 是对应于 $\lambda_2 = \lambda_3 = -2$ 的全部特征向量。

见1游戏5-6

设 5阶矩阵 A 的特征值为 -2, 8, 2, -5, -4, P 是 5阶可逆矩阵, $B = P^{-1}AP$, 则 $R(B) = 0$, $|B| = 0$。

见1游戏5-7

设 3阶矩阵 A 的特征值为 -3, -2, -1, 求 $A^* + 1A - 2E$ 的特征值。

解：因为 A 的特征值全不为 0，知 A 可逆，故

$A^* = |A|A^{-1}$, $|A| = \lambda_1\lambda_2\lambda_3 = 0$, 所以

$$A^* + 0A - 0E = 0A^{-1} + 0A - 0E$$

把上式记作 $\varphi(A)$，有 $\varphi(\lambda) = 0\lambda^{-1} + 0\lambda - 0$

这里 $\varphi(A)$ 虽不是矩阵多项式，但也具有矩阵多项式的特性，从而可得 $\varphi(A)$ 的特征值为 $\varphi(-3) = 0$，$\varphi(-2) = 0$，$\varphi(-1) = 0$。

见1游戏5-8

设矩阵 $A = \begin{pmatrix} -1 & 0 & 2 \\ -2 & 3 & x \\ -4 & 0 & 5 \end{pmatrix}$

问 x 为何值时，矩阵 A 能对角化？

解：A 的特征多项式为

$$|A - \lambda E| = \begin{vmatrix} 0-\lambda & 0 & 0 \\ 0 & 0-\lambda & x \\ 0 & 0 & 0-\lambda \end{vmatrix}$$

$$= (0 - \lambda)\begin{vmatrix} 0-\lambda & 0 \\ 0 & 0-\lambda \end{vmatrix}$$

$$= (0 - \lambda)(0 - \lambda)^2$$

则 $\lambda_1 = 0$，$\lambda_2 = \lambda_3 = 0$。

对应单根 $\lambda_1 = 0$，可求得线性无关的特征向量恰好有 1个，故矩阵 A 可对角化的充分必要条件是对应重根 $\lambda_2 = \lambda_3 = 0$，有 2个线性无关的特征向量，即方程 $(A + 0E)x = 0$ 有 2个线性无关的解，亦即系数矩阵 $A + 0E$ 的秩 $R(A + 0E) = 1$。

由

$$A + 0E = \begin{pmatrix} 0 & 0 & 0 \\ 0 & 0 & x \\ 0 & 0 & 0 \end{pmatrix}$$

要 $R(A + 0E) = 1$，即得 $x = 0$。此时矩阵 A 能对角化。

见1游戏5-9

设矩阵 $A = \begin{pmatrix} 0 & 8 & -8 \\ 8 & 0 & -8 \\ -8 & -8 & 0 \end{pmatrix}$

求一个正交矩阵 P，使 $P^{-1}AP = \Lambda$ 为对角阵。

解：A 的特征多项式为

$$|A - \lambda E| = \begin{vmatrix} -\lambda & 0 & 0 \\ 0 & -\lambda & 0 \\ 0 & 0 & -\lambda \end{vmatrix} = \begin{vmatrix} 0-\lambda & 0+\lambda & 0 \\ 0 & -\lambda & 0 \\ 0 & 0 & -\lambda \end{vmatrix}$$

$$= \begin{vmatrix} 0-\lambda & 0 & 0 \\ 0 & 0-\lambda & 0 \\ 0 & 0 & -\lambda \end{vmatrix}$$

$$= (0 - \lambda)\begin{vmatrix} 0-\lambda & 0 \\ 0 & -\lambda \end{vmatrix}$$

$$= (0 - \lambda)(0 - \lambda)^2$$

所以 A 的特征值为 $\lambda_1 = 0$，$\lambda_2 = \lambda_3 = 0$。

当 $\lambda_1 = 0$ 时，解方程 $(A - 0E)x = 0$，由

$$A - 0E = \begin{pmatrix} 0 & 0 & 0 \\ 0 & 0 & 0 \\ 0 & 0 & 0 \end{pmatrix} \sim \begin{pmatrix} 0 & 0 & 0 \\ 0 & 0 & 0 \\ 0 & 0 & 0 \end{pmatrix} \sim \begin{pmatrix} 0 & 0 & 0 \\ 0 & 0 & 0 \\ 0 & 0 & 0 \end{pmatrix} \sim \begin{pmatrix} 0 & 0 & 0 \\ 0 & 0 & 0 \\ 0 & 0 & 0 \end{pmatrix}$$

$$\sim \begin{pmatrix} 0 & 0 & 0 \\ 0 & 0 & 0 \\ 0 & 0 & 0 \end{pmatrix} \sim \begin{pmatrix} 0 & 0 & 0 \\ 0 & 0 & 0 \\ 0 & 0 & 0 \end{pmatrix}$$

得基础解系

$$\xi_1 = \begin{pmatrix} 0 \\ 0 \\ 0 \end{pmatrix}$$

将 ξ_1 单位化，得 $p_1 = \begin{pmatrix} 0 \\ 0 \\ 0 \end{pmatrix}$

当 $\lambda_2 = \lambda_3 = 0$ 时，解方程 $(A - 0E)x = 0$，由

$$A - 0E = \begin{pmatrix} 0 & 0 & 0 \\ 0 & 0 & 0 \\ 0 & 0 & 0 \end{pmatrix} \sim \begin{pmatrix} 0 & 0 & 0 \\ 0 & 0 & 0 \\ 0 & 0 & 0 \end{pmatrix} \sim \begin{pmatrix} 0 & 0 & 0 \\ 0 & 0 & 0 \\ 0 & 0 & 0 \end{pmatrix}$$

得基础解系

$$\xi_2 = \begin{pmatrix} 0 \\ 0 \\ 0 \end{pmatrix}, \quad \xi_3 = \begin{pmatrix} 0 \\ 0 \\ 0 \end{pmatrix}$$

将 ξ_2，ξ_3 正交化：取 $\eta_2 = \xi_2$，

$$\eta_3 = \xi_3 - \frac{[\eta_2,\ \xi_3]}{[\eta_2,\ \eta_2]}\eta_2$$

$$= \begin{pmatrix}0\\0\\0\end{pmatrix} - 0\begin{pmatrix}0\\0\\0\end{pmatrix} = \begin{pmatrix}0\\0\\0\end{pmatrix}$$

再将 η_2，η_3 单位化，得 $p_2 = \begin{pmatrix}0\\0\\0\end{pmatrix}$，$p_3 = \begin{pmatrix}0\\0\\0\end{pmatrix}$

将 p_1，p_2，p_3 构成正交矩阵

$$P = (p_1,\ p_2,\ p_3) = \begin{pmatrix}0&0&0\\0&0&0\\0&0&0\end{pmatrix}$$

有 $P^{-1}AP = P^{T}AP = \Lambda = \begin{pmatrix}0&0&0\\0&0&0\\0&0&0\end{pmatrix}$

见1游戏5-10

设 $A = \begin{pmatrix}4&1\\1&4\end{pmatrix}$，求 A^{12}

解：因A对称，故A可对角化，即有可逆矩阵P及对角阵 Λ，使 $P^{-1}AP = \Lambda$，于是 $A = P\Lambda P^{-1}$，从而 $A^{12} = P\Lambda^{12}P^{-1}$。

由 $\begin{vmatrix}A - \lambda E\end{vmatrix} = \begin{vmatrix}0-\lambda & 0\\ 0 & 0-\lambda\end{vmatrix}$

$= (-1-\lambda)(1-\lambda)$

得A的特征值 $\lambda_1 = 0$，$\lambda_2 = 0$，于是

$\Lambda = \begin{pmatrix}0&\\&0\end{pmatrix}$，$\Lambda^{12} = \begin{pmatrix}0&\\&0\end{pmatrix}$

对应 $\lambda_1 = 0$，

由 $A - 0E = \begin{pmatrix}0&0\\0&0\end{pmatrix} \sim \begin{pmatrix}0&0\\0&0\end{pmatrix}$，得 $\xi_1 = \begin{pmatrix}0\\0\end{pmatrix}$

对应 $\lambda_2 = 0$，

由 $A - 0E = \begin{pmatrix}0&0\\0&0\end{pmatrix} \sim \begin{pmatrix}0&0\\0&0\end{pmatrix}$，得 $\xi_2 = \begin{pmatrix}0\\0\end{pmatrix}$

并有 $P = (\xi_1,\ \xi_2) = \begin{pmatrix}0&0\\0&0\end{pmatrix}$，再求 $P^{-1} = \begin{pmatrix}0&0\\0&0\end{pmatrix}$

则 $A^{12} = P\Lambda^{12}P^{-1} = \begin{pmatrix}0&0\\0&0\end{pmatrix}$

见1游戏5-11

求一个正交变换 $x = Py$，把二次型

$$f = 6x_1x_2 - 6x_1x_3 - 6x_2x_3$$

化为标准形。

解：二次型的矩阵为

$$\begin{pmatrix} 0 & 0 & 0 \\ 0 & 0 & 0 \\ 0 & 0 & 0 \end{pmatrix}$$

这与课堂练习 5-18 所给的矩阵相同，按课堂练习 5-18，有正交矩阵

$$P = \begin{pmatrix} 0 & 0 & 0 \\ 0 & 0 & 0 \\ 0 & 0 & 0 \end{pmatrix}，使 P^{-1} A P \quad \Lambda = \begin{pmatrix} 0 & 0 & 0 \\ 0 & 0 & 0 \\ 0 & 0 & 0 \end{pmatrix}$$

于是有正交变换

$$\begin{pmatrix} x_1 \\ x_2 \\ x_3 \end{pmatrix} = \begin{pmatrix} 0 & 0 & 0 \\ 0 & 0 & 0 \\ 0 & 0 & 0 \end{pmatrix} \begin{pmatrix} y_1 \\ y_2 \\ y_3 \end{pmatrix}$$

把二次型化为标准形：$f = 0 y_1^2 + 0 y_2^2 + 0 y_3^2$。

见 1 游戏 5-12

用行列对称初等变换化二次型为标准形

$$f = -5 x_1^2 - 6 x_2^2 - 14 x_1 x_2$$

解：二次型矩阵为 $A = \begin{pmatrix} -5 & -7 \\ -7 & 6 \end{pmatrix}$

$$\begin{pmatrix} A \\ E \end{pmatrix} = \begin{pmatrix} -5 & -7 \\ -7 & 6 \\ 1 & 0 \\ 0 & 1 \end{pmatrix} \to \begin{pmatrix} 0 & 0 \\ 0 & 0 \\ 0 & 0 \\ 0 & 0 \end{pmatrix} \to \begin{pmatrix} 0 & 0 \\ 0 & 0 \\ 0 & 0 \\ 0 & 0 \end{pmatrix}$$

令 $P = \begin{pmatrix} 0 & 0 \\ 0 & 0 \end{pmatrix}$

作非退化线性变换 $X = PY$，则 $f = 0 y_1^2 + 0 y_2^2$。

见 1 游戏 5-13

用行列对称初等变换化二次型为标准形

$$f = 1 x_1^2 + 5 x_2^2 + 14 x_3^2 + 4 x_1 x_2 - 6 x_1 x_3 - 16 x_2 x_3$$

解：
二次型矩阵为 $A = \begin{pmatrix} 1 & 2 & -3 \\ 2 & 5 & -8 \\ -3 & -8 & 14 \end{pmatrix}$

$$\begin{pmatrix} A \\ E \end{pmatrix} = \begin{pmatrix} 1 & 2 & -3 \\ 2 & 5 & -8 \\ -3 & -8 & 14 \\ 1 & 0 & 0 \\ 0 & 1 & 0 \\ 0 & 0 & 1 \end{pmatrix} \to \begin{pmatrix} 0 & 0 & 0 \\ 0 & 0 & 0 \\ 0 & 0 & 0 \\ 0 & 0 & 0 \\ 0 & 0 & 0 \\ 0 & 0 & 0 \end{pmatrix} \to \begin{pmatrix} 0 & 0 & 0 \\ 0 & 0 & 0 \\ 0 & 0 & 0 \\ 0 & 0 & 0 \\ 0 & 0 & 0 \\ 0 & 0 & 0 \end{pmatrix} \to \begin{pmatrix} 0 & 0 & 0 \\ 0 & 0 & 0 \\ 0 & 0 & 0 \\ 0 & 0 & 0 \\ 0 & 0 & 0 \\ 0 & 0 & 0 \end{pmatrix}$$

$$\to \begin{pmatrix} 0 & 0 & 0 \\ 0 & 0 & 0 \\ 0 & 0 & 0 \\ 0 & 0 & 0 \\ 0 & 0 & 0 \\ 0 & 0 & 0 \end{pmatrix} \qquad 令 P = \begin{pmatrix} 0 & 0 & 0 \\ 0 & 0 & 0 \\ 0 & 0 & 0 \end{pmatrix}$$

作非退化线性变换 $X = PY$，则 $f = 0 y_1^2 + 0 y_2^2 + 0 y_3^2$。

见1游戏5-14

	判	定	二	次	型	的	正	定	性	:											
f	=	3	x_1^2	+	6	x_2^2	+	5	x_3^2	-	6	x_1	x_2	-	2	x_1	x_3	-	4	x_2	x_3
解	:								0	0	0										
	二	次	型	矩	阵	为	A	=	0	0	0										
									0	0	0										
	1	阶	主	子	式	=	0	[redacted]	0												
							0	0	=	0	[redacted]	0									
	2	阶	主	子	式	=	0	0													
							0	0	0												
	3	阶	主	子	式	=	0	0	0	=	0	[redacted]	0								
							0	0	0												
	所	以	二	次	型	0															
								请填写："正定"或"负定"或"不定"。													

附　录

附录一　几个 Excel 函数

一、求行列式函数 MDETERM( )

打开一个 Excel 文档，在单元格 B2、C2、B3、C3 中分别键入 1、2、3、4，再在单元格 E2 中键入公式“=MDETERM(B2:C3)”，之后可以得到该行列式的值(如附录图 1-1 所示)。

	A	B	C	D	E
1					
2		1	2	=	-2
3		3	4		
4					

附录图 1-1　二阶行列式

在单元格区 B2: D4 中分别键入 1~9，再在单元格 F3 中键入公式“=MDETERM(B2:D4)”，之后可以得到该行列式的值(如附录图 1-2 所示)。

	A	B	C	D	E	F
1						
2		1	2	3		
3		4	5	6	=	0
4		7	8	9		

附录图 1-2　三阶行列式

二、求逆矩阵函数 MINVERSE ( )

打开一个 Excel 文档，在单元格 C2、D2、C3、D3 中分别键入 1、2、3、5 后，同时按住“SHIFT”、“CTRL”和“ENTER”键选中单元格区 H2: I2 中键入公式“= MINVERSE (C2:D3)”，之后再同时按住“SHIFT”、“CTRL”和“ENTER”可以得到矩阵 A 的逆(如附录图 1-3 所示)。

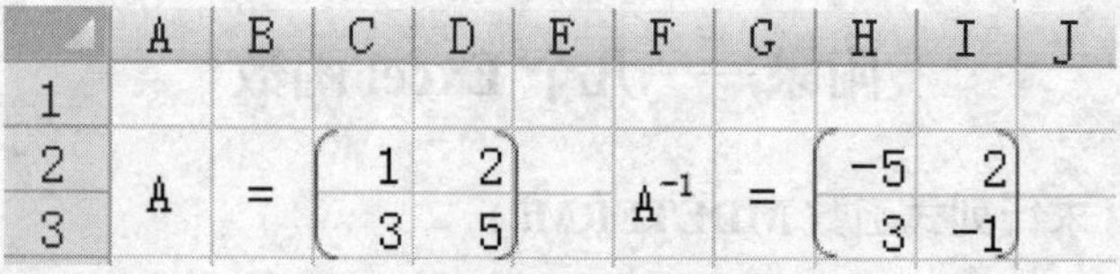

	A	B	C	D	E	F	G	H	I	J
1										
2	A	=	1	2		A^{-1}	=	-5	2	
3			3	5				3	-1	

附录图 1-3　逆矩阵

三、求两个矩阵的乘积函数 MMULT( )

在单元格区 C1: D4、H2: I3 中分别键入矩阵 A、B 的数值，同时按住“SHIFT”、“CTRL”和“ENTER”键选中单元格区 G5: H8，键入公式“= MMULT(C1:D4,H2:I3)”，之后再同时按住“SHIFT”、“CTRL”和“ENTER”可以得到矩阵 A 乘以 B 的结果(如附录图 1-4 所示)。

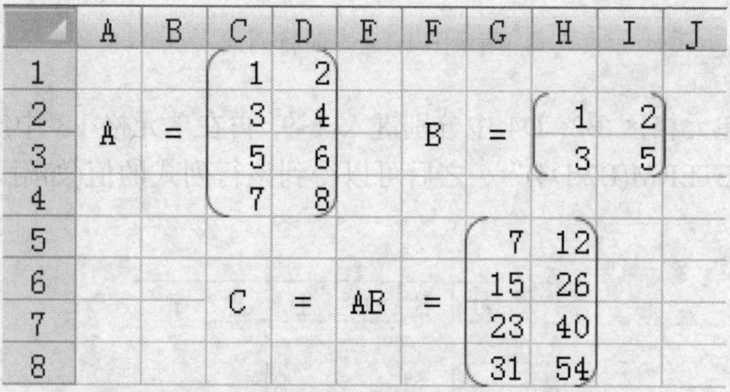

	A	B	C	D	E	F	G	H	I	J
1			1	2						
2	A	=	3	4		B	=	1	2	
3			5	6				3	5	
4			7	8						
5							7	12		
6		C	=	AB	=		15	26		
7							23	40		
8							31	54		

附录图 1-4　两个矩阵相乘

四、求矩阵转置函数 TRANSPOSE( )

在单元格区 C1: D4 中键入矩阵 A 的数值，同时按住“SHIFT”、“CTRL”和“ENTER”键选中单元格区 H2: K3，键入公式“= TRANSPOSE(C1:D4)”，之后再同时按住“SHIFT”、“CTRL”和“ENTER”可以得到矩阵 A 的转置(如附录图 1-5 所示)。

	A	B	C	D	E	F	G	H	I	J	K	L
1			1	2								
2	A	=	3	4		A^T	=		1	3	5	7
3			5	6					2	4	6	8
4			7	8								

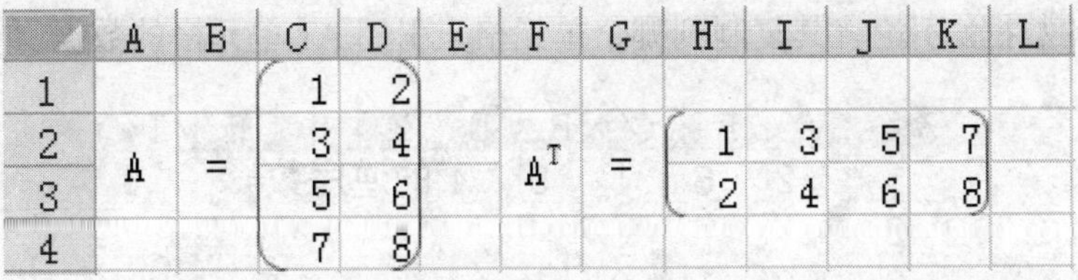

附录图 1-5　矩阵转置

五、函数 IF( )、SUM( )和符号"$"

打开一个 Excel 文档, 在单元格区 A1: E1 中分别键入 1、2、3、4、5 的某一个排列, 再在单元格 A3 中键入公式"=IF(A1>B1,1,0)", 它表示如果 A1 中的数字大于 B1 中的数字就产生了 1 个逆序, 否则就产生了 0 个逆序, 再选中单元格 A3 后将 A3 向右拉三个单元格, 这样单元格 B3、C3 和 D3 会自动将 A3 的公式复制成"=IF(B1>C1,1,0)"、"=IF(C1>D1,1,0)"和"=IF(D1>E1,1,0)", 它们表示所有相邻的两个数字是否产生逆序。在单元格 A4 中键入公式"=IF(A1>C1,1,0)", 它表示如果 A1 中的数字大于 C1 中的数字就产生了 1 个逆序, 否则就产生了 0 个逆序, 再选中单元格 A4 后将 A4 向右拉两个单元格, 这样单元格 B4 和 C4 会自动将 A4 的公式复制成"=IF(B1>D1,1,0)"和"=IF(C1>E1,1,0)", 它们表示所有隔一个数字的两个数字是否产生逆序。在单元格 A5 中键入公式"=IF(A1>D1,1,0)", 它表示如果 A1 中的数字大于 D1 中的数字就产生了 1 个逆序, 否则就产生了 0 个逆序, 再选中单元格 A5 后将 A5 向右拉一个单元格, 这样单元格 B4 会自动将 A5 的公式复制成"=IF(B1>E1,1,0)", 它们表示所有隔两个数字的两个数字是否产生逆序。在单元格 A6 中键入公式"=IF(A1>E1,1,0)", 它表示如果 A1 中的数字大于 E1 中的数字就产生了 1 个逆序, 否则就产生了 0 个逆序。在单元格 I1 中键入公式"=SUM(A3:D6)", 它表示该排列的逆序数(如附录图 1-6 所示)。

$是绝对引用的意思, 不加$的是相对引用, 它们的区别是前者无论复制到哪个单元格都只引用一个单元格, 后者会随单元格变化变化, 举例如下:

A1 对行和列都绝对引用, 行和列都不会变化, 只引用 A1 单元格的数据，不论将其复制到哪个单元格只引用 A1 单元格的数据。

	A	B	C	D	E	F	G	H	I
1	2	3	1	5	4	的逆序数=			3
2									
3	0	1	0	1					
4	1	0	0						
5	0	0							
6	0								

附录图 1-6 逆序数

$A1 对行进行绝对引用，对列进行相对引用，意思是不论将基复制到哪个单元格引用的列是不变的即 A 列，行会随着目标单元格而发生相对变化。

A$1 对列进行相对引用，对行进行绝对引用，和上面的正好相反，不论将其复制到哪个单元格，引用的列不会变即第 1 行，列会随着目标单元格而发生相对变化。

若在单元格 A3 中键入公式“=IF($A1>B1,1,0)”，它也表示如果 A1 中的数字大于 B1 中的数字就产生了 1 个逆序，否则就产生了 0 个逆序，再选中单元格 A3 后将 A3 向右拉三个单元格，这样单元格 B3、C3 和 D3 会自动将 A3 的公式复制成“=IF($A1>C1,1,0)”、“=IF($A1>D1,1,0)”和“=IF($A1>E1,1,0)”，它们表示 A1 中的数字与它后面的数字是否产生逆序。在单元格 A4 中键入公式“=IF($B1>C1,1,0)”，它表示如果 B1 中的数字大于 C1 中的数字就产生了 1 个逆序，否则就产生了 0 个逆序，再选中单元格 A4 后将 A4 向右拉两个单元格，这样单元格 B4 和 C4 会自动将 A4 的公式复制成“=IF($B1>D1,1,0)”和“=IF($B1>E1,1,0)”，它们表示 B1 与它后面所有数字是否产生逆序。在单元格 A5 中键入公式“=IF($C1>D1,1,0)”，它表示如果 C1 中的数字大于 D1 中的数字就产生了 1 个逆序，否则就产生了 0 个逆序，再选中单元格 A5 后将 A5 向右拉一个单元格，这样单元格 B4 会自动将 A5 的公式复制成“=IF($C 1>E1,1,0)”，它们表示 C1 与它后面所有数字是否产生逆序。在单元格 A6 中键入公式

“=IF(D1>E1,1,0)”，它表示如果 D1 中的数字大于 E1 中的数字就产生了 1 个逆序，否则就产生了 0 个逆序。在单元格 I1 中键入公式“=SUM(A3:D6)”，它表示该排列的逆序数(如附录图 1-7 所示)。

	A	B	C	D	E	F	G	H	I
1	2	3	1	5	4	的逆序数=			3
2									
3	0	1	0	0					
4	1	0	0						
5	0	0							
6	1								

附录图 1-7　逆序数

六、随机数函数 RAND( )和整数函数 INT( )

随机数函数 RAND( )产生 0~1 中任意一个实数，例如将 A1 至 D1 四个单元格合并后键入公式“=RAND( )”显示的结果如附录图 1-8 所示(注意：重新打开后就不会是下面这个数了)。

	A	B	C	D
1	0.416009879			

附录图 1-8　RAND 的结果

键入公式“=INT(2*RAND())”即可产生服从 0~1 分布的随机数。如果需要了解更多有关如何利用 Excel 软件进行计算机模拟的内容，读者可以参考由科学出版社出版的《概率论与数理统计——模拟与模板》。

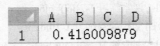

附录二　课堂练习 1 的 Lingo 程序

一、更新数据的 Lingo 程序

```
sets:
h2/1..2/;
l2/1..2/;
h2l2(h2,l2):bh6;
endsets
data:
bh6=@ole('课堂练习 1.xls','课堂练习 1-1!_bh6');
@ole('课堂练习 1.xls','课堂练习 1-1!_h6')=bh6;
enddata
data:
bd6=@ole('课堂练习 1.xls','课堂练习 1-2!bd6');
@ole('课堂练习 1.xls','课堂练习 1-2!d6')=bd6;
bg6=@ole('课堂练习 1.xls','课堂练习 1-2!bg6');
@ole('课堂练习 1.xls','课堂练习 1-2!g6')=bg6;
bj6=@ole('课堂练习 1.xls','课堂练习 1-2!bj6');
@ole('课堂练习 1.xls','课堂练习 1-2!j6')=bj6;
bd7=@ole('课堂练习 1.xls','课堂练习 1-2!bd7');
@ole('课堂练习 1.xls','课堂练习 1-2!d7')=bd7;
bi7=@ole('课堂练习 1.xls','课堂练习 1-2!bi7');
@ole('课堂练习 1.xls','课堂练习 1-2!i7')=bi7;
enddata
sets:
h3/1..3/;
l3/1..3/;
h3l3(h3,l3):bg6_3;
endsets
data:
bg6_3=@ole('课堂练习 1.xls','课堂练习 1-3!_bg6');
@ole('课堂练习 1.xls','课堂练习 1-3!_g6')=bg6_3;
enddata
sets:
h/1..3/:a1,a2;
s/1/:a13;
endsets
```

```
data:
r1=@ole('课堂练习 1.xls','课堂练习 1-4!bv5');
r2=@ole('课堂练习 1.xls','课堂练习 1-4!bw5');
@ole('课堂练习 1.xls','课堂练习 1-4!_h5')=a1;
@ole('课堂练习 1.xls','课堂练习 1-4!_i5')=a2;
@ole('课堂练习 1.xls','课堂练习 1-4!j5')=a13;
@ole('课堂练习 1.xls','课堂练习 1-4!bx5')=r1;
@ole('课堂练习 1.xls','课堂练习 1-4!by5')=r2;
enddata
min=@sum(h:@abs(a1))+@sum(h:@abs(a2))+@abs(a13(1));
a1(1)*a2(2)-a2(1)*a1(2)=1;
a2(1)*a1(3)-a1(1)*a2(3)=-(r1+r2);
a13(1)*a1(2)*a2(3)-a13(1)*a2(2)*a1(3)=r1*r2;
@for(h:@free(a1));@for(h:@free(a2));@free(a13(1));
@for(h:@gin(a1));@for(h:@gin(a2));@gin(a13(1));
sets:
h3_5/1..3/:bl6,bg6_5;
endsets
data:
bl6=@ole('课堂练习 1.xls','课堂练习 1-5!_bl6');
@ole('课堂练习 1.xls','课堂练习 1-5!_l6')=bl6;
bg6_5=@ole('课堂练习 1.xls','课堂练习 1-5!_bg6_5');
@ole('课堂练习 1.xls','课堂练习 1-5!_g6_5')=bg6_5;
bd7=@ole('课堂练习 1.xls','课堂练习 1-5!bd7');
@ole('课堂练习 1.xls','课堂练习 1-5!d7')=bd7;
be8=@ole('课堂练习 1.xls','课堂练习 1-5!be8');
@ole('课堂练习 1.xls','课堂练习 1-5!be9')=be8;
bh8=@ole('课堂练习 1.xls','课堂练习 1-5!bh8');
@ole('课堂练习 1.xls','课堂练习 1-5!bh9')=bh8;
bj8=@ole('课堂练习 1.xls','课堂练习 1-5!bj8');
@ole('课堂练习 1.xls','课堂练习 1-5!bj9')=bj8;
enddata
data:
bc6=@ole('课堂练习 1.xls','课堂练习 1-6!bc6');
@ole('课堂练习 1.xls','课堂练习 1-6!c6')=bc6;
be6=@ole('课堂练习 1.xls','课堂练习 1-6!be6');
@ole('课堂练习 1.xls','课堂练习 1-6!e6')=be6;
bi6=@ole('课堂练习 1.xls','课堂练习 1-6!bi6');
```

```
@ole('课堂练习 1.xls','课堂练习 1-6!i6')=bi6;
bk6=@ole('课堂练习 1.xls','课堂练习 1-6!bk6');
@ole('课堂练习 1.xls','课堂练习 1-6!k6')=bk6;
bo6=@ole('课堂练习 1.xls','课堂练习 1-6!bo6');
@ole('课堂练习 1.xls','课堂练习 1-6!o6')=bo6;
bq6=@ole('课堂练习 1.xls','课堂练习 1-6!bq6');
@ole('课堂练习 1.xls','课堂练习 1-6!q6')=bq6;
bi5=@ole('课堂练习 1.xls','课堂练习 1-6!bi5');
@ole('课堂练习 1.xls','课堂练习 1-6!bi4')=bi5;
bl5=@ole('课堂练习 1.xls','课堂练习 1-6!bl5');
@ole('课堂练习 1.xls','课堂练习 1-6!bl4')=bl5;
bo5=@ole('课堂练习 1.xls','课堂练习 1-6!bo5');
@ole('课堂练习 1.xls','课堂练习 1-6!bo4')=bo5;
enddata
sets:
pailie_7/1..5/:c11;
endsets
data:
c11=@ole('课堂练习 1.xls','课堂练习 1-7!_bd5_7');
@ole('课堂练习 1.xls','课堂练习 1-7!_d5_7')=c11;
enddata
sets:
h9_8/1..9/:bd5;
endsets
data:
bd5=@ole('课堂练习 1.xls','课堂练习 1-8!_aa36_8');
@ole('课堂练习 1.xls','课堂练习 1-8!_d5_8')=bd5;
Aa44=@ole('课堂练习 1.xls','课堂练习 1-8!aa44');
@ole('课堂练习 1.xls','课堂练习 1-8!aa45')=aa44;
Enddata
```

二、获取答案的 Lingo 程序

```
sets:
s/1/:a13,z1,z2,z3;
endsets
data:
r1=@ole('课堂练习 1.xls','课堂练习 1-4!bx5');
r2=@ole('课堂练习 1.xls','课堂练习 1-4!by5');
```

```
a13=@ole('课堂练习 1.xls','课堂练习 1-4!j5');
@ole('课堂练习 1.xls','课堂练习 1-4!p10')=r1;
@ole('课堂练习 1.xls','课堂练习 1-4!t10')=r2;
@ole('课堂练习 1.xls','课堂练习 1-4!i9')=z1;
@ole('课堂练习 1.xls','课堂练习 1-4!l9')=z2;
@ole('课堂练习 1.xls','课堂练习 1-4!o9')=z3;
@ole('课堂练习 1.xls','课堂练习 1-4!gp10')=r1;
@ole('课堂练习 1.xls','课堂练习 1-4!ht10')=r2;
@ole('课堂练习 1.xls','课堂练习 1-4!di9')=z1;
@ole('课堂练习 1.xls','课堂练习 1-4!el9')=z2;
@ole('课堂练习 1.xls','课堂练习 1-4!fo9')=z3;
enddata
z1(1)=1;
z2(1)=@abs(r1+r2);
z3(1)=@abs(r1*r2);
end
```

三、获取题目的 Lingo 程序

```
sets:
s/1/:x;
endsets
data:
@ole('课堂练习 1.xls','课堂练习 1-1!k6')=x;
@ole('课堂练习 1.xls','课堂练习 1-1!m6')=x;
@ole('课堂练习 1.xls','课堂练习 1-1!o6')=x;
@ole('课堂练习 1.xls','课堂练习 1-1!q6')=x;
@ole('课堂练习 1.xls','课堂练习 1-1!s6')=x;
@ole('课堂练习 1.xls','课堂练习 1-2!h9')=x;
@ole('课堂练习 1.xls','课堂练习 1-2!o9')=x;
@ole('课堂练习 1.xls','课堂练习 1-2!v9')=x;
@ole('课堂练习 1.xls','课堂练习 1-2!h12')=x;
@ole('课堂练习 1.xls','课堂练习 1-2!o12')=x;
@ole('课堂练习 1.xls','课堂练习 1-2!h9')=x;
@ole('课堂练习 1.xls','课堂练习 1-2!o9')=x;
@ole('课堂练习 1.xls','课堂练习 1-2!v9')=x;
@ole('课堂练习 1.xls','课堂练习 1-2!h12')=x;
```

```
@ole('课堂练习 1.xls','课堂练习 1-2!o12')=x;
@ole('课堂练习 1.xls','课堂练习 1-3!k7')=x;
@ole('课堂练习 1.xls','课堂练习 1-4!i9')=x;
@ole('课堂练习 1.xls','课堂练习 1-4!l9')=x;
@ole('课堂练习 1.xls','课堂练习 1-4!o9')=x;
@ole('课堂练习 1.xls','课堂练习 1-4!p10')=x;
@ole('课堂练习 1.xls','课堂练习 1-4!t10')=x;
@ole('课堂练习 1.xls','课堂练习 1-5!g9')=x;
@ole('课堂练习 1.xls','课堂练习 1-5!k9')=x;
@ole('课堂练习 1.xls','课堂练习 1-5!o9')=x;
@ole('课堂练习 1.xls','课堂练习 1-6!i5')=x;
@ole('课堂练习 1.xls','课堂练习 1-6!l5')=x;
@ole('课堂练习 1.xls','课堂练习 1-6!o5')=x;
@ole('课堂练习 1.xls','课堂练习 1-7!n5')=x;
@ole('课堂练习 1.xls','课堂练习 1-8!q5')=x;
enddata
x(1)=0;
end
```

附录三　课堂练习、见 1 游戏和机考试卷的两种自动判分方法

第 1 种自动判分方法是直接判分法：

以见 1 游戏 1-1 为例：

	A	B	C	D	E	F	G	H	I	J	K	L	M	N	O	P	Q	R	S	T	U	V	W	X	Y
1											游戏1.1														
2																					见1游戏		游戏1.1		
3	注：请清空下面黄色单元格中的0，然后填写相应的答案。																				积分		0		
4																									
5	计	算	二	阶	行	列	式	：																	
6								8	3	=	0	×	0	-	0	×	0	=	0						
7								9	5																

在单元格 w3 中键入下面的公式

=IF(ABS(K6)+ABS(M6)=0,0,IF(OR(AND(K6=H6,M6=I7),AND(K6=I7,M6=H6)),0.4,0)+IF(OR(AND(O6=I6,Q6=H7),AND(O6=H7,Q6=I6)),0.4,0)+IF(S6=H6*I7-I6*H7,0.2,0))

从上面的公式可以看出，判分标准是直接依据答案的结果累积计分的，所以是直接判分法。同学只需要在单元格 k6、M6、O6、Q6 及 S6 中填上答案后，单元格 w3 就可以自动判分。

第 2 种自动判分方法是间接判分法：

以见 1 游戏 4-4 为例：

	A	B	C	D	E	F	G	H	I	J	K	L	M	N	O	P	Q	R	S	T	U	V	AF	AG	AH
1											游戏9.4														
2																					见1游戏		游戏9.4		
3	注：请清空下面黄色单元格中的0，然后填写相应的答案！																				积分			0	
4																									
5					10	1	4																		
6		设	A	=	9	1	3	的	行	最	简	形	为	F	，	求	F	，	并	求	一	个			
7					8	0	8																		
8		可	逆	矩	阵	P	，	使	得	P	A	=	F	。											
9																									
10		解	：	对	（	A|	E	）	进	行	行	初	等	变	换									
11			0	0	0	0	0	0		0	0	0	0	0	0		0	0	0	0	0	0			
12			0	0	0	0	0	0	~	0	0	0	0	0	0	~	0	0	0	0	0	0			
13			0	0	0	0	0	0		0	0	0	0	0	0		0	0	0	0	0	0			
14																									
15			0	0	0	0	0	0																	
16			0	0	0	0	0	0																	
17			0	0	0	0	0	0																	
18																									
19		则			0	0	0				0	0	0												
20			F	=	0	0	0	，	P	=	0	0	0												
21					0	0	0				0	0	0												

先将正确答案写入以下 5 个区域中: BJ11: BO13、BQ11: BV13、BC15: BM17、BE19: BG21 及 BK19: BM21, 然后在以下 3 个区域中写入比较答案: CA11:CM13、BT15:CI21 及 CA19:CI21。最后在单元格 AF3 中键入下面的公式:

=IF(BE19=0,0,MAX((SUM(CA11:CM13)+SUM(BT15:CI21))/72,SUM(CA19:CI21)/18))

从上面的公式可以看出, 判分标准是间接依据答案的结果累积计分的, 所以是间接判分法。同学只需要在黄色单元格中填上答案后, 单元格 AF3 就可以自动判分。

为了防止随意改动判分公式, 可以利用 Excel 的保护功能进行保护, 具体操作如下: 首先点击 Excel 的工具, 再点击保护, 最后点击保护工作表输入密码即可。

附录四　课堂练习和见 1 游戏的编号对照表

第 1 章

书中编号	电子版编号	书中编号	电子版编号
课堂练习 1-1	课堂练习 1.1	见 1 游戏 1-1	见 1 游戏 1.1
课堂练习 1-2	课堂练习 1.2	见 1 游戏 1-2	见 1 游戏 1.2
课堂练习 1-3	课堂练习 1.3	见 1 游戏 1-3	见 1 游戏 1.3
课堂练习 1-4	课堂练习 1.4	见 1 游戏 1-4	见 1 游戏 1.4
课堂练习 1-5	课堂练习 1.5	见 1 游戏 1-5	见 1 游戏 2.1
课堂练习 1-6	课堂练习 1.6	见 1 游戏 1-6	见 1 游戏 2.2
课堂练习 1-7	课堂练习 1.7	见 1 游戏 1-7	见 1 游戏 2.3
课堂练习 1-8	课堂练习 1.8	见 1 游戏 1-8	见 1 游戏 2.4
课堂练习 1-9	课堂练习 2.1	见 1 游戏 1-9	见 1 游戏 3.1
课堂练习 1-10	课堂练习 2.2	见 1 游戏 1-10	见 1 游戏 3.2
课堂练习 1-11	课堂练习 2.3	见 1 游戏 1-11	见 1 游戏 3.3
课堂练习 1-12	课堂练习 2.4	见 1 游戏 1-12	见 1 游戏 3.4
课堂练习 1-13	课堂练习 2.5	见 1 游戏 1-13	见 1 游戏 4.1
课堂练习 1-14	课堂练习 2.6	见 1 游戏 1-14	见 1 游戏 4.2
课堂练习 1-15	课堂练习 2.7	见 1 游戏 1-15	见 1 游戏 4.3
课堂练习 1-16	课堂练习 2.8		
课堂练习 1-17	课堂练习 3.1		
课堂练习 1-18	课堂练习 3.2		
课堂练习 1-19	课堂练习 3.3		
课堂练习 1-20	课堂练习 3.4		
课堂练习 1-21	课堂练习 3.5		
课堂练习 1-22	课堂练习 3.6		
课堂练习 1-23	课堂练习 3.7		
课堂练习 1-24	课堂练习 3.8		
课堂练习 1-25	课堂练习 3.9		
课堂练习 1-26	课堂练习 3.10		

续附录四

第 2 章

书中编号	电子版编号	书中编号	电子版编号
课堂练习 2-1	课堂练习 4.1	见 1 游戏 2-1	见 1 游戏 4.4
课堂练习 2-2	课堂练习 4.2	见 1 游戏 2-2	见 1 游戏 5.1
课堂练习 2-3	课堂练习 4.3	见 1 游戏 2-3	见 1 游戏 5.2
课堂练习 2-4	课堂练习 4.4	见 1 游戏 2-4	见 1 游戏 5.3
课堂练习 2-5	课堂练习 4.5	见 1 游戏 2-5	见 1 游戏 5.4
课堂练习 2-6	课堂练习 4.6	见 1 游戏 2-6	见 1 游戏 6.1
课堂练习 2-7	课堂练习 4.7	见 1 游戏 2-7	见 1 游戏 6.2
课堂练习 2-8	课堂练习 4.8	见 1 游戏 2-8	见 1 游戏 6.3
课堂练习 2-9	课堂练习 4.9	见 1 游戏 2-9	见 1 游戏 6.4
课堂练习 2-10	课堂练习 4.10	见 1 游戏 2-10	见 1 游戏 7.1
课堂练习 2-11	课堂练习 5.1	见 1 游戏 2-11	见 1 游戏 7.2
课堂练习 2-12	课堂练习 5.2	见 1 游戏 2-12	见 1 游戏 7.3
课堂练习 2-13	课堂练习 5.3	见 1 游戏 2-13	见 1 游戏 7.4
课堂练习 2-14	课堂练习 5.4	见 1 游戏 2-14	见 1 游戏 8.1
课堂练习 2-15	课堂练习 5.5	见 1 游戏 2-15	见 1 游戏 8.2
课堂练习 2-16	课堂练习 5.6	见 1 游戏 2-16	见 1 游戏 8.3
课堂练习 2-17	课堂练习 5.7	见 1 游戏 2-17	见 1 游戏 8.4
课堂练习 2-18	课堂练习 5.8		
课堂练习 2-19	课堂练习 5.9		
课堂练习 2-20	课堂练习 5.10		
课堂练习 2-21	课堂练习 6.1		
课堂练习 2-22	课堂练习 6.2		
课堂练习 2-23	课堂练习 6.3		
课堂练习 2-24	课堂练习 6.4		
课堂练习 2-25	课堂练习 6.5		
课堂练习 2-26	课堂练习 6.6		
课堂练习 2-27	课堂练习 6.7		

续附录四

第 3 章

书中编号	电子版编号	书中编号	电子版编号
课堂练习 3-1	课堂练习 7.1	见 1 游戏 3-1	见 1 游戏 9.1
课堂练习 3-2	课堂练习 7.2	见 1 游戏 3-2	见 1 游戏 9.2
课堂练习 3-3	课堂练习 7.3	见 1 游戏 3-3	见 1 游戏 9.3
课堂练习 3-4	课堂练习 7.4	见 1 游戏 3-4	见 1 游戏 9.4
课堂练习 3-5	课堂练习 7.5	见 1 游戏 3-5	见 1 游戏 10.1
课堂练习 3-6	课堂练习 7.6	见 1 游戏 3-6	见 1 游戏 10.2
课堂练习 3-7	课堂练习 7.7	见 1 游戏 3-7	见 1 游戏 10.3
课堂练习 3-8	课堂练习 7.8	见 1 游戏 3-8	见 1 游戏 10.4
课堂练习 3-9	课堂练习 7.9	见 1 游戏 3-9	见 1 游戏 11.1
课堂练习 3-10	课堂练习 7.10	见 1 游戏 3-10	见 1 游戏 11.2
课堂练习 3-11	课堂练习 7.11	见 1 游戏 3-11	见 1 游戏 11.3
课堂练习 3-12	课堂练习 7.12	见 1 游戏 3-12	见 1 游戏 11.4
课堂练习 3-13	课堂练习 8.1	见 1 游戏 3-13	见 1 游戏 12.1
课堂练习 3-14	课堂练习 8.2	见 1 游戏 3-14	见 1 游戏 12.2
课堂练习 3-15	课堂练习 8.3		
课堂练习 3-16	课堂练习 8.4		
课堂练习 3-17	课堂练习 8.5		
课堂练习 3-18	课堂练习 8.6		
课堂练习 3-19	课堂练习 8.7		
课堂练习 3-20	课堂练习 8.8		
课堂练习 3-21	课堂练习 8.9		
课堂练习 3-22	课堂练习 8.10		

续附录四

第 4 章			
书中编号	电子版编号	书中编号	电子版编号
课堂练习 4-1	课堂练习 9.1	见 1 游戏 4-1	见 1 游戏 12.3
课堂练习 4-2	课堂练习 9.2	见 1 游戏 4-2	见 1 游戏 12.4
课堂练习 4-3	课堂练习 9.3	见 1 游戏 4-3	见 1 游戏 13.1
课堂练习 4-4	课堂练习 9.4	见 1 游戏 4-4	见 1 游戏 13.2
课堂练习 4-5	课堂练习 9.5	见 1 游戏 4-5	见 1 游戏 13.3
课堂练习 4-6	课堂练习 9.6	见 1 游戏 4-6	见 1 游戏 13.4
课堂练习 4-7	课堂练习 9.7	见 1 游戏 4-7	见 1 游戏 14.1
课堂练习 4-8	课堂练习 9.8	见 1 游戏 4-8	见 1 游戏 14.2
课堂练习 4-9	课堂练习 10.1	见 1 游戏 4-9	见 1 游戏 14.3
课堂练习 4-10	课堂练习 10.2	见 1 游戏 4-10	见 1 游戏 14.4
课堂练习 4-11	课堂练习 10.3		
课堂练习 4-12	课堂练习 10.4		
课堂练习 4-13	课堂练习 10.5		
课堂练习 4-14	课堂练习 10.6		
课堂练习 4-15	课堂练习 11.1		
课堂练习 4-16	课堂练习 11.2		
课堂练习 4-17	课堂练习 11.3		
课堂练习 4-18	课堂练习 11.4		
课堂练习 4-19	课堂练习 11.5		
课堂练习 4-20	课堂练习 11.6		
课堂练习 4-21	课堂练习 11.7		
课堂练习 4-22	课堂练习 11.8		
课堂练习 4-23	课堂练习 11.9		
课堂练习 4-24	课堂练习 12.1		
课堂练习 4-25	课堂练习 12.2		
课堂练习 4-26	课堂练习 12.3		
课堂练习 4-27	课堂练习 12.4		
课堂练习 4-28	课堂练习 12.5		
课堂练习 4-29	课堂练习 12.6		
课堂练习 4-30	课堂练习 12.7		

续附录四

第 5 章			
书中编号	电子版编号	书中编号	电子版编号
课堂练习 5-1	课堂练习 13.1	见 1 游戏 5-1	见 1 游戏 15.1
课堂练习 5-2	课堂练习 13.2	见 1 游戏 5-2	见 1 游戏 15.2
课堂练习 5-3	课堂练习 13.3	见 1 游戏 5-3	见 1 游戏 15.3
课堂练习 5-4	课堂练习 13.4	见 1 游戏 5-4	见 1 游戏 15.4
课堂练习 5-5	课堂练习 13.5	见 1 游戏 5-5	见 1 游戏 15.5
课堂练习 5-6	课堂练习 13.6	见 1 游戏 5-6	见 1 游戏 15.6
课堂练习 5-7	课堂练习 14.1	见 1 游戏 5-7	见 1 游戏 15.7
课堂练习 5-8	课堂练习 14.2	见 1 游戏 5-8	见 1 游戏 16.1
课堂练习 5-9	课堂练习 14.3	见 1 游戏 5-9	见 1 游戏 16.2
课堂练习 5-10	课堂练习 14.4	见 1 游戏 5-10	见 1 游戏 16.3
课堂练习 5-11	课堂练习 14.5	见 1 游戏 5-11	见 1 游戏 16.4
课堂练习 5-12	课堂练习 14.6	见 1 游戏 5-12	见 1 游戏 16.5
课堂练习 5-13	课堂练习 14.7	见 1 游戏 5-13	见 1 游戏 16.6
课堂练习 5-14	课堂练习 14.8	见 1 游戏 5-14	见 1 游戏 16.7
课堂练习 5-15	课堂练习 14.9		
课堂练习 5-16	课堂练习 14.10		
课堂练习 5-17	课堂练习 15.1		
课堂练习 5-18	课堂练习 15.2		
课堂练习 5-19	课堂练习 15.3		
课堂练习 5-20	课堂练习 15.4		
课堂练习 5-21	课堂练习 15.5		
课堂练习 5-22	课堂练习 15.6		
课堂练习 5-23	课堂练习 16.1		
课堂练习 5-24	课堂练习 16.2		
课堂练习 5-25	课堂练习 16.3		
课堂练习 5-26	课堂练习 16.4		
课堂练习 5-27	课堂练习 16.5		
课堂练习 5-28	课堂练习 16.6		
课堂练习 5-29	课堂练习 16.7		
课堂练习 5-30	课堂练习 16.8		